KB244885

EASY COOKING
:MUSHROOM
이지 쿠킹 버섯

EASY COOKING
:MUSHROOM

이지 쿠킹 버섯

용동희 지음

PROLOGUE

항상 지저분한 우리 집 냉장고.
알뜰하게 장보고 들어왔는데 이상하게 냉장고에서 자꾸 발견되는 같은 재료들.
할 수 없이 쟁여두고 또 쟁여두다 보니 어느새 꽉 차서 우유 넣을 작은 공간조차 찾기 힘듭니다.
친구나 동네 아주머니, 혹은 시어머니께서 불시에 들이닥쳐 열어보지는 않을지.
걱정은 되는데 버리자니 다 먹을 수 있는 거라 아깝고,
제대로 된 요리를 만들자니 턱없이 부족한 재료들.
이러다 배보다 배꼽이 더 커질 것만 같은 불길한 예감이 듭니다.
그렇다면 우리 집에 있는 소량의 재료만으로 만들 수 있는 요리는 없을까요?

「이지 쿠킹 시리즈」는 주부들의 이런 고민을 말끔하게 해결해주기 위해 탄생했습니다.
요리 초보도 따라할 수 있는 간단·명료한 레시피!
아이와 남편을 위한 맛있고 푸짐한 일상 요리로 부담도 없는 데다가,
영양까지 만점이라니~!
무엇보다도 냉장고 속 남은 재료들을 활용할 수 있다는 장점까지?
이 책 한 권이면 오늘 우리 집 냉장고가 숨을 쉽니다!!

지금부터 냉장고 숨통 트이게 하는
이지 쿠킹 시리즈 그 두 번째 재료,
'버섯'으로 만든 요리를 만나봅니다.

Book Recipe
이지 쿠킹 시리즈를 소개합니다!

주재료로만 만든 요리부터 부재료를 하나, 둘, 셋 더해 만든 다양한 요리들, 여기에 디저트처럼 먹을 수 있는 간식 레시피까지 알차게 구성되어 있습니다. 재료는 모두 구하기 쉬운 것들로 선정했으며, 복잡한 과정을 거쳐야 하는 요리는 과정 사진이 함께 수록되어 있어 한층 이해가 쉽습니다. 또한 저자가 알려주는 똑똑한 요리 팁까지 곳곳에 담겨 있으니 놓치지 마세요!

ONE
주재료 하나로 만든 요리

ONE + ONE
주재료에 한 가지 부재료를 더해 만든 요리

ONE + TWO
주재료에 두 가지 부재료를 더해 만든 요리

ONE + THREE
주재료에 세 가지 부재료를 더해 만든 요리

AND ...
주재료로 만든 간식

EASY COOKING RECIPE TIP

하나, 양파, 대파, 다진 마늘, 갖은 양념류, 다시용 멸치, 다시마, 밥 등은 있다고 가정하였습니다.

둘, 사람마다 입맛이 다르니 부족하다면 소금이나 후추 등으로 나머지 간을 보충하도록 하세요.

셋, 정확한 맛을 내기 위하여 계량스푼과 계량컵을 사용하였습니다.

넷, 국물류의 경우 재료 소개에서 물의 양을 생략하였으나, 레시피 안에 따로 기입하였습니다.

다섯, 밥류는 1인분 기준이며 국물류나 요리류는 2인분을 기준으로 합니다.

여섯, 오일은 식용유, 올리브오일, 포도씨오일, 카놀라유 등 어느 것을 사용해도 좋습니다.

계량법

1큰술

1작은술

1컵

계량컵과 계량스푼으로 측정되는 기준량을 일반 밥숟가락, 일반 종이컵으로 옮겨 비교해보았습니다. 우선 계량스푼 1큰술은 15cc(ml)이고 일반 밥숟가락으로 퍼서 위를 평평하게 만들었을 때 양은 보통 10~12cc(ml)입니다. 그러니 계량스푼 없이 밥숟가락으로 1큰술을 뜨려면 약간 소복하게 담거나 한 스푼을 떠 옮기고, 한 번 더 아주 소량(⅓)을 떠 더해주면 됩니다. 계량컵의 경우는 한 컵을 담았을 때 15cc(ml). 이는 일반 종이컵 1컵의 표면을 평평하게 깎아 담았을 때와 같습니다.

COOK TIP

이때 숟가락과 종이컵의 윗면을 평평하게 만들어 계량해야 한다는 점! 꼭 명심하세요!

미리보기

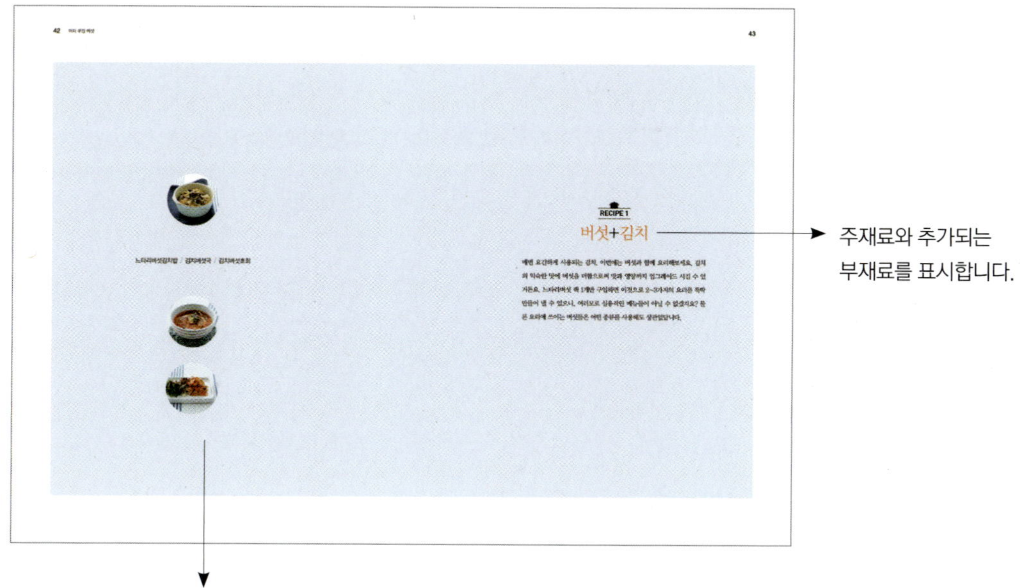

주재료와 추가되는
부재료를 표시합니다.

해당되는 재료로 만든 세 가지 요리 사진입니다.

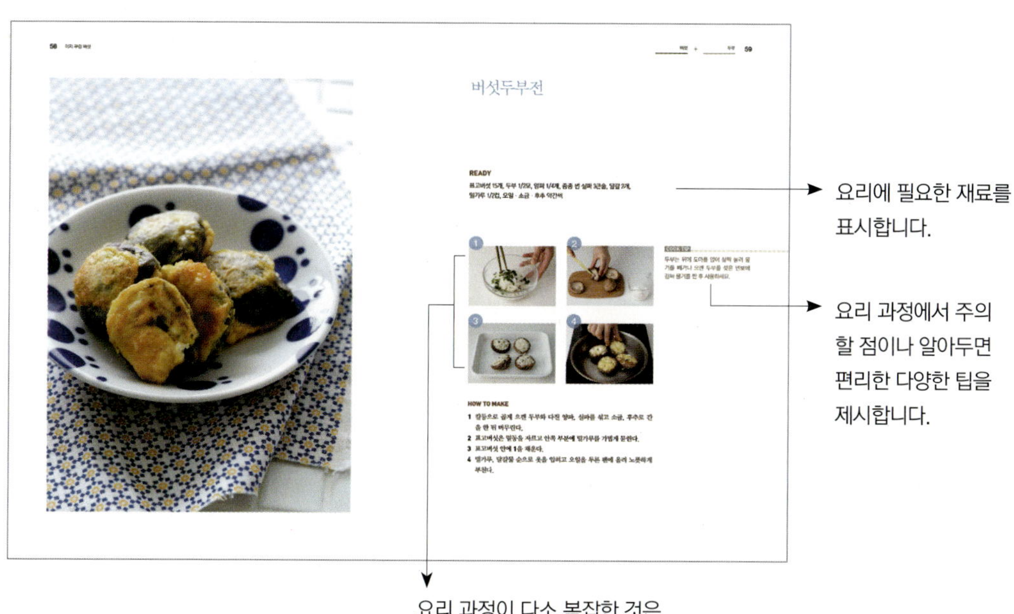

요리에 필요한 재료를
표시합니다.

요리 과정에서 주의
할 점이나 알아두면
편리한 다양한 팁을
제시합니다.

요리 과정이 다소 복잡한 것은
진행 과정 사진으로 쉽게 설명합니다.

CONTENTS

INTRO

버섯? 버섯!

PART 01

ONE 버섯 하나

팽이버섯전 **26**

버섯튀김 **28**

버섯솥밥 **29**

새송이버터구이 **30**

표고전 **31**

버섯장아찌 **32**

만가닥버섯볶음 **34**

팽이버섯고추장무침 **36**

들깨소스버섯 **37**

양송이수프 **38**

PART 02

ONE+ONE 버섯에 재료 하나

버섯
+
김치

느타리버섯김치밥 **44**

김치버섯국 **46**

김치버섯초회 **47**

버섯
+
소고기

중국식 버섯소고기덮밥 **50**

버섯들깨탕 **52**

새송이소고기구이 **53**

버섯
+
두부

버섯두부덮밥 **56**

매운 버섯두부전골 **57**

버섯두부전 **58**

버섯
+
새우

간장맛 버섯볶음밥 **62**

새송이새우버터볶음 **63**

새우완자탕 **64**

버섯
+
날치알

버섯날치알초밥 **68**

버섯달걀탕 **70**

날치알표고무침 **71**

버섯
+
채소

버섯리소토 **74**

버섯스튜 **76**

버섯칠절판 **77**

EASY COOKING
INTRO
버섯? 버섯!

Basic 01 버섯의 종류
Basic 02 버섯의 영양
Basic 03 버섯과 찰떡궁합: 식재료편
Basic 04 버섯과 찰떡궁합: 양념장편
Basic 05 버섯의 손질 & 보관

버섯의 종류

머쉬마루버섯

새송이버섯의 사촌으로, 새송이버섯보다 단맛이 나며 쉽게 찢어집니다. 새송이버섯이 구이에 적합하다면 머쉬마루버섯은 찌개용으로 사용하면 좋지요. 흰색으로 곧고 길쭉한 모양이며 담백한 맛을 냅니다.

표고버섯

다당체인 레티난(Letinan) 성분이 면역력을 증가시키고 암세포를 억제하는 역할을 합니다. 콜레스테롤 저하, 혈당 강하, 바이러스 억제 효과를 가져다 주지요. 특히 콜레스테롤이 많은 돼지고기와 함께 먹으면 좋습니다. 표고버섯을 고를 때는 두께가 두툼하고 탄력이 좋으며 습기가 적은 것을 고르세요. 표고버섯의 기둥 부분은 질기기 때문에 요리에는 잘 사용하지 않는데, 이 기둥만 모아서 육수를 만들 때 사용하면 효율적이랍니다.

만가닥버섯

다발로 무리를 지어 자라는 특징이 강해 만가닥버섯이라는 이름이 붙었습니다. 백일송이, 백만송이 등의 상품명으로 유통되고 있기도 합니다. 조리 후에도 모양이 변하지 않으며, 쫄깃한 식감도 그대로 유지되는 것이 특징이지요. 쓴맛이 약간 나지만, 다른 식재료의 맛을 해치지 않아 여러 요리에 응용이 가능합니다. 셀레늄(Selenium) 성분이 들어있어 당뇨나 고혈압 등 각종 성인병 예방에 좋습니다.

팽이버섯

두뇌개발에 좋은 성분이 들어있어 일본에서는 머리가 좋아지는 버섯이라고 합니다. 어린이를 위한 필수식품이지요. 항산화성분인 셀레늄(Selenium)이 함유되어 있고, 필수 아미노산과 비타민 등이 풍부해 면역력을 향상시키는 효과를 냅니다. 갓이 크지 않고 크기가 균일한 것을 골라야 좋으며, 낮은 온도에서 자라는 버섯인 만큼 가급적이면 온도가 낮은 장소에 보관하세요. 무엇보다도 빠른 시일 내에 먹기를 권합니다. 특유의 쫄깃하고 매끄러운 식감을 즐기려면 생으로 먹거나 살짝만 익혀 먹는 것이 좋습니다. 황금색을 띈 황금팽이버섯도 있지요.

송이버섯

버섯 중에서 항암 효과가 가장 높습니다. 바로 베타글루칸(β-glucan) 성분이 암세포를 공격하기 때문이지요. 혈중 콜레스테롤 억제효과, 혈액순환 증진, 심장병 등 성인병 치료에 효과를 보이며 불포화지방산 함유량이 높습니다. 버섯의 갓과 기둥 사이에 피막이 떨어지지 않고, 육질이 단단하며 탄력이 있는 것을 고르는 것이 좋습니다. 기둥의 길이가 대략 5~9cm 이내로 두툼한지, 밑동이 단단한지 확인하세요. 물에 담가두면 버섯 특유의 향이 사라지니 주의해야 합니다. 요리하기 전 흐르는 물에 가볍게 씻도록 하세요.

양송이버섯

필수 아미노산 함량이 고기나 채소보다 높은 세계적으로 가장 많이 재배되는 버섯 중 하나입니다. 상온에 오래 노출되면 색과 향이 변하기 쉬우니 미리 레몬즙을 뿌려 놓거나 조리하기 직전에 자르는 것이 좋습니다. 질감이 단단하고 탄력이 있으며 변색되지 않은 것을 고르세요.

노루궁뎅이버섯

올레아놀릭산(Oleanoli Acid)을 다량 함유하고 있어 위산으로부터 위벽을 보호하고 염증을 가라 앉혀 역류성 식도염에도 도움이 됩니다. 쌉쌀한 맛이 있으니 무침, 볶음, 탕 등에 사용하거나 차로 끓여 먹어도 좋습니다.

목이버섯

섬유소가 풍부해 기름진 음식을 즐겨 먹거나 변비에 시달리는 사람에게 좋으며, 독소 배출과 위장 청소 작용도 하지요. 중국요리의 감초라고도 불리며 향이 강하지 않고 맛이 담백한 것이 특징입니다. 살이 두툼하고 색이 짙으며 두께와 크기가 일정한 것이 좋습니다. 말린 것을 물에 불리면 10배로 부피가 늘어나기도 하지요. 볶음요리나 수프에 넣으면 좋습니다.

백만송이버섯

만가닥버섯의 일종으로 동글동글 귀여운 모양을 하고 있습니다. 흰색과 갈색 두 가지 종류가 있고, 조리 후에도 모양과 쫄깃한 식감을 유지하는 것이 최대의 장점이지요. 피부 미용에도 효과가 있습니다.

새송이버섯

쫄깃하며 기둥이 굵고 길어 다른 버섯에 비해 저장기간이 깁니다. 비타민 C 성분이 팽이버섯의 10배, 느타리버섯의 7배이며 무기질, 칼슘, 철분 함유량이 높지요. 갓 모양이 고르고 두툼하며 주름이 촘촘하고 형태가 고른 것을 선택하는 것이 좋습니다. 또 갈색점이나 미끈거림이 없는 것을 권합니다.

느타리버섯

수분함량이 많아 질감이 연하고 부드럽지만 저장기간이 1주일 정도로 다소 짧은 편입니다. 느타리버섯의 자실체와 균사체 등이 항암효과를 가지고 있습니다. 다양한 품종이 개발되어서 노랑, 분홍 등 색색의 느타리버섯은 물론, 상황버섯 성분이 함유된 상황느타리버섯, 전복의 식감을 가지고 있는 전복느타리버섯 등이 있지요. 갓이 부서지지 않고 갈색점이나 미끈거림이 없는 것을 고르는 것이 좋습니다. 물기를 없앤 후 냉장보관해야 맛과 향이 오래 지속될 수 있습니다.

큰송이버섯

양송이버섯의 한 종류로 크기가 큰 만큼 맛도 좋고 영양도 풍부합니다. 단백질과 칼슘이 풍부하고 피부를 좋게 하는 비타민 B와 골격형성을 돕는 비타민 D가 풍부하게 함유되어 있지요. 익히지 않고 날로 찢어 참기름과 소금에 찍어 먹어도 맛이 좋습니다.

BASIC 02

버섯의 영양

버섯은 독특한 향기와 맛, 영양 가치 때문에 누구에게나 친근하고 널리 상용되는 식품입니다.

식용버섯의 수분은 70~95% 정도이며, 나머지 5~30%는 유기 및 무기성분으로 되어 있지요.

말린 버섯의 경우 15~30% 정도의 단백질, 나머지 2~10%의 지방과

50% 내외의 가용성 무기질소물이 들어 있고,

5~10%의 칼륨, 인산, 석회 등의 무기질이 함유되어 있습니다.

일반적으로 맛이 좋은 식용버섯에는 아미노산, 마니트,

트레하로오스 등이 많이 들어 있으며, 비타민 B_2와 D 같은 여러 비타민류 및

효소가 존재하고 있어 보건식품으로, 그리고 일반 채소 못지않은 알칼리식품으로 인정받고 있지요.

특히 최근에는 표고버섯에 혈액 내 콜레스테롤의 축적을 억제하는 특수성분이

들어 있다는 것이 밝혀져 고혈압 예방 효과까지 기대해 볼 수 있습니다.

BASIC 03

버섯과 찰떡궁합 : 식재료편

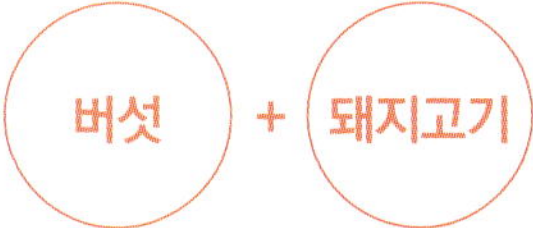

돼지고기는 단백질과 지방이 풍부하고 칼로리가 매우 높은 에너지원으로 지나치게 많이 먹으면 성인병에 걸릴 위험이 있습니다.
그러나 섬유질이 많고 혈액의 콜레스테롤을 줄여주는 표고버섯을 함께 먹어주면 그 위험을 줄일 수 있지요. 또한 돼지고기 특유의 냄새를 제거하는데도 효과적입니다.

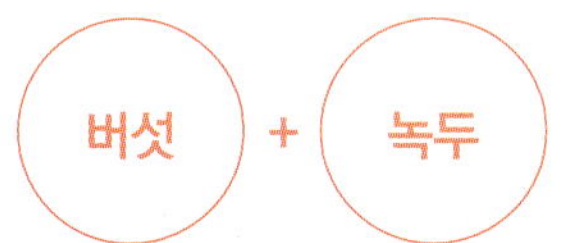

버섯이 녹두의 독을 중화시켜 줍니다. 녹두부침개를 할 때 버섯을 함께 넣어주면 좋습니다.

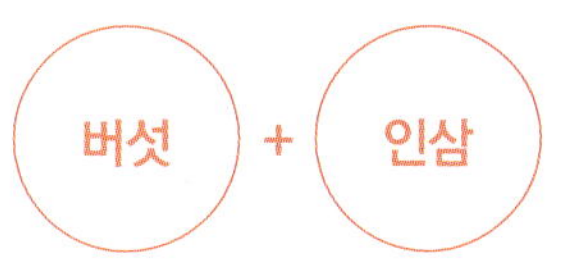

버섯과 인삼이 만나면 자양강장 효과가 더해지고 면역력이 증가됩니다. 인삼을 잘게 다져 꿀에 절인 후 버섯샐러드 위에 토핑으로 올리는 등 다양한 방법으로 함께 먹으면 좋습니다.

BASIC 04

버섯과 찰떡궁합 : 양념장편

무침	볶음	샐러드

1

오일 양념

들기름 · 참기름 1큰술씩
통깨 · 액젓 · 다진 마늘
1/2작은술씩
소금 · 후추 약간씩

2

오일 양념

오일 1큰술
참기름(또는 들기름) 1/2큰술
통깨 1작은술
소금 · 후추 약간씩

3

오일 드레싱

오일 2큰술
다진 양파 1큰술
소금 · 후추 약간씩

4

간장 양념

간장 1큰술
참기름 · 통깨 1/2큰술씩
다진 마늘 · 다진 파 1작은술씩
소금 · 후추 약간씩

5

간장 양념

간장 1큰술
굴소스 · 올리고당 1/2큰술씩
소금 · 후추 약간씩

6

간장 드레싱

간장 · 식초 · 설탕 ·
다진 양파 1큰술씩
오일 2큰술
다진 마늘 1작은술
소금 · 후추 약간씩

7

매운 양념

고춧가루 1큰술
고추장 · 다진
마늘 · 설탕 · 참기름 1작은술씩
소금 · 후추 약간씩

8

매운 양념

고추장 · 올리고당 1/2큰술씩
고춧가루 · 간장 · 통깨
1작은술씩
소금 · 후추 약간씩

9

매운 드레싱

고추 기름 · 식초 1큰술씩
간장 1/2큰술
두반장 · 통깨 1작은술씩
설탕 2작은술
소금 · 후추 약간씩

BASIC 05

버섯의 손질 & 보관

버섯은 종류에 따라 구입 요령이 조금씩 달라지지만 일반적으로는
신선하고 상처가 없으면서 조직이 단단한 것을 구입하는 것이 좋습니다.
또한 육질이 부드럽고 상하기 쉬우므로 손질할 때 오랜 시간 물에 담가두거나
세게 문질러 씻는 것은 바람직한 손질 방법이 아니지요.
씻지 않고 바로 사용할 수 있는 재료지만 씻을 경우에는
흐르는 물에 살짝 헹구는 정도로 가볍게 헹군 후 물기를 닦아 두는 것이
조금 더 오래 신선하게 요리하고 보관할 수 있는 방법입니다.

냉장보관

버섯에 남은 물기를 닦은 후 신문지나 종이에 2~3겹 싸서
아이스박스에 담습니다. 최저 온도로 낮춘 김치냉장고에 보관한다면
2개월 정도 신선한 상태로 보관이 가능합니다.

건조보관

표고버섯의 경우 골다공증에 좋은 비타민 D는 햇볕에 말리는 과정에서
자연스럽게 생성됩니다. 또한 혈관을 개선해주고 암에 대한 저항력 및 면역력을
강하게 하는 작용과 장의 운동성 촉진으로 변비개선 효과가 있습니다.
버섯을 얇게 썰어 건조망에 올려 습하지 않은 곳에서 말리거나,
건조 기계를 사용하여 말린 후 지퍼팩에 넣어 밀봉하여 보관합니다.

냉장보관 건조보관

PART 01

ONE

버섯 하나

팽이버섯전 · 버섯튀김 · 버섯솥밥 ·

새송이버터구이 · 표고전 · 버섯장아찌 · 만가닥버섯볶음 ·

팽이버섯고추장무침 · 들깨소스버섯 · 양송이수프

팽이버섯전

READY

팽이버섯 1봉지, 밀가루 1/2컵, 청양고추 2개, 오일 · 소금 약간씩

HOW TO MAKE

1 팽이버섯은 밑동을 자르고 청양고추는 링으로 썬다.
2 밀가루는 소금으로 간하고 물로 반죽(올리고당 정도의 농도)한다.
3 오일을 두른 팬 위에 팽이버섯을 넓게 편 후 밀가루 반죽(2)을 조금씩 부어가며 버섯을 하나로 연결한다.
4 청양고추를 위에 얹고 앞뒤를 노릇하게 굽는다.

버섯튀김

READY

갖은 버섯 3줌, 전분가루 2컵, 달걀물 1개분,
밀가루 약간, 오일 2컵
녹차소금 소금 1큰술, 녹차가루 1/2작은술, 후추 약간

COOK TIP

튀김은 간장 대신 소금과 녹차를 믹서에 곱게 갈아 섞은 것을
곁들인다면 더욱 담백한 버섯의 맛을 느낄 수 있습니다. 또한
전분가루 대신 튀김가루를 사용하면 더욱 편리하게 요리할
수 있답니다.

HOW TO MAKE

1 갖은 버섯은 각각 손질한 후 한입 크기로 자른다.

2 전분가루와 물 2컵을 섞어 실온에 2시간 이상 둔
   후 윗물을 따라내 버린다.

3 **2**에 달걀물을 조금씩 넣어가며 부드러워지도록
   반죽을 한다.

4 미리 손질해둔 버섯에 밀가루를 가볍게 묻힌 후
   튀김옷**(3)**을 입힌다. 이를 180℃의 오일에 넣고
   노릇하게 튀긴다.

5 분량의 녹차소금을 만들어 곁들여 낸다.

버섯솥밥

READY

송이버섯 2개, 불린 쌀 2/3컵,
참기름 1큰술, 다시마 1장(사방 5㎝)

HOW TO MAKE

1 송이버섯은 길이 방향으로 편 썬다.
2 솥에 참기름을 두른 후 불린 쌀을 넣고 볶는다.
3 쌀이 투명해지면 그 위에 송이버섯을 얹고 물을
　쌀 높이와 동일하게 부어준다.
4 마지막으로 다시마를 올리고 밥을 짓는다.

새송이버터구이

READY

새송이버섯 3개, 버터 1큰술, 소금 · 후추 약간씩
빵가루 토핑 빵가루 3큰술, 파슬리 가루 · 버터
1작은술씩, 파마산 치즈가루 1/2큰술

HOW TO MAKE

1 새송이버섯은 도톰하게 편 썬다.
2 달군 팬에 버터를 녹인 후 새송이버섯을 올리고,
   소금과 후추로 간하며 노릇하게 굽는다.
3 팬에 분량의 빵가루 토핑을 넣고 약한 불에서 노
   릇하게 볶는다.
4 구운 새송이버섯(2) 위에 빵가루 토핑을 뿌린다.

표고전

READY

표고버섯 10개, 밀가루 약간, 달걀 2개, 소금 · 오일 약간씩

HOW TO MAKE

1 표고버섯은 기둥을 자르고 손질해둔다.
2 손질한 표고버섯에 밀가루를 가볍게 묻힌 후 소금간을 한 달걀물을 입힌다.
3 오일을 두른 팬에 올려 노릇하게 부친다.

버섯장아찌

READY

만가닥버섯 3줌, 청양고추 2개, 홍고추 1개, 통후추 10알
장아찌물 간장 · 물 1/2컵씩, 식초 · 설탕 1/4컵씩

HOW TO MAKE

1 만가닥버섯은 밑동을 손질해 저장용기에 담는다.
2 여기에 링으로 썬 청양고추와 홍고추, 통후추를 얹는다.
3 분량의 장아찌물을 한소끔 끓인 후 식힌다.
4 만가닥버섯**(1)** 위에 장아찌물**(3)**을 붓고 이틀간 냉장보관한 후 먹는다.

만가닥버섯볶음

READY

만가닥버섯 3줌, 양파 1/2개, 종종 썬 실파 1큰술, 다진 마늘 2작은술,
굴소스 1큰술, 설탕 1작은술, 소금 · 후추 · 오일 약간씩

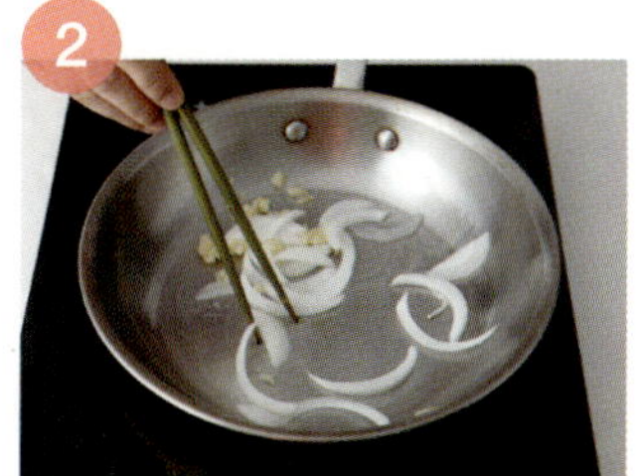

HOW TO MAKE

1 만가닥버섯은 밑동을 손질하고 양파는 채 썬다.
2 오일을 두른 팬에 다진 마늘을 넣고 향을 낸 후 양파를 넣어 볶는다.
3 만가닥버섯을 넣고 재빨리 볶은 후 굴소스, 설탕, 소금, 후추로 간한다.
4 종종 썬 실파를 뿌린다.

팽이버섯고추장무침

READY

팽이버섯 1봉지, 종종 썬 실파 3큰술, 통깨 약간
양념 고추장 1큰술, 식초 1/2큰술, 설탕 1작은술,
연겨자 약간

HOW TO MAKE

1 팽이버섯은 밑동을 잘라 손질한다.
2 분량의 양념을 섞은 다음 먹기 직전에 넣어 버섯
   을 무친다.
3 종종 썬 실파와 통깨를 뿌린다.

들깨소스버섯

READY

느타리버섯 3줌, 종종 썬 실파 약간
양념 들기름 2큰술, 국간장 · 다진 마늘 1작은술씩,
들깨가루 3큰술, 소금 약간

HOW TO MAKE

1 느타리버섯은 길이 방향으로 2등분 한 후 끓는 물
　에 가볍게 데친다.
2 데친 버섯은 찬물에 헹구지 않고 물기를 바로 짠
　후 분량의 양념을 넣어 무친다.
3 실파를 뿌려 낸다.

양송이수프

READY

양송이버섯 7~8개, 생크림 1/2컵, 우유 1컵, 파마산 치즈가루 2큰술,
다진 마늘 · 버터 1큰술씩, 다진 양파 3큰술, 소금 · 후추 약간씩

HOW TO MAKE

1 다진 양파와 다진 마늘을 버터에 볶아 향을 낸다.
2 여기에 편으로 썬 양송이버섯을 넣어 함께 볶는다.
3 생크림과 우유를 붓고 끓인다.
4 핸드블랜더로 곱게 간 후 소금, 후추, 파마산 치즈가루로 간한다.

EASY COOKING
PART 02

ONE + ONE

버섯에 재료 하나

김치
소고기
두부
새우
날치알
채소

느타리버섯김치밥 / 김치버섯국 / 김치버섯초회

버섯+김치

매번 요긴하게 사용되는 김치, 이번에는 버섯과 함께 요리해보세요. 김치의 익숙한 맛에 버섯을 더함으로써 맛과 영양까지 업그레이드 시킬 수 있거든요. 느타리버섯 팩 1개만 구입하면 이것으로 2~3가지의 요리를 뚝딱 만들어 낼 수 있으니, 여러모로 실용적인 메뉴들이 아닐 수 없겠지요? 물론 요리에 쓰이는 버섯들은 어떤 종류를 사용해도 상관없답니다.

느타리버섯김치밥

READY

느타리버섯 1줌, 종종 썬 김치 1/2컵, 불린 쌀 1/2컵, 다시마 1장(사방 5㎝)
양념 간장 · 맛술 1큰술씩, 설탕 · 통깨 · 고춧가루 1작은술씩,
다진 마늘 1/2작은술

HOW TO MAKE

1 느타리버섯은 길이 방향으로 2등분한다.
2 솥에 종종 썬 김치를 깔고 그 위에 불린 쌀을 올린다.
3 느타리버섯과 다시마를 올린다.
4 물을 쌀 높이에 맞춰 붓고 밥을 지은 후 분량의 양념을 섞어 함께 곁
  들여 낸다.

김치버섯국

READY

느타리버섯 2줌, 김치 1/4포기, 김치 국물 5큰술,
다시마 1장(사방 5㎝), 멸치 1/2줌, 다진 마늘 1작은술,
국간장 1/2큰술, 대파 1대, 소금 · 후추 약간씩

HOW TO MAKE

1 김치는 한입 크기로 자르고 느타리버섯은 2등분,
   대파는 어슷썬다.
2 물 4컵에 멸치, 다시마, 김치를 넣고 10분간 끓인
   후 멸치와 다시마만 건져 낸다.
3 김치 국물과 버섯을 넣고 한소끔 끓이다가 다진 마
   늘, 국간장, 소금, 후추로 간한다.

김치버섯초회

READY

느타리버섯 2줌, 종종 썬 김치 1컵, 깻잎 5장, 통깨 약간
양념 고추장 2큰술, 맛술 · 식초 1큰술씩, 설탕 2작은술,
다진 마늘 · 참기름 1작은술씩

HOW TO MAKE

1 느타리버섯은 길이 방향으로 2등분하고 끓는 물에
살짝 데친 후 물기를 제거한다.

2 분량의 양념을 섞고 깻잎은 곱게 채 썬다.

3 버섯과 김치에 양념을 넣고 가볍게 무친 뒤 채 썬
깻잎과 통깨를 올린다.

중국식 버섯소고기덮밥 / 버섯들깨탕 / 새송이소고기구이

RECIPE 2

버섯+소고기

소고기를 구울 때 자연스럽게 한편에 납작납작하게 자른 버섯도 얹어 함께 구워 드시지 않나요? 소고기와 버섯은 맛의 궁합이 좋은 재료랍니다. 이번에는 든든한 소고기 요리에 버섯을 더해 요리의 볼륨감뿐만 아니라 맛과 향까지 더했습니다. 영양 가득한 재료들로 만든 간단한 메뉴들을 푸짐한 한끼 식사 혹은 멋진 일품요리로 자유롭게 즐겨보세요.

중국식 버섯소고기덮밥

READY

목이버섯 6개, 소고기 등심 50g, 밥 1공기, 양파 1/4개, 마늘 2톨, 대파 1/2대, 마른 고추 1개,
맛술 1큰술, 오일 · 참기름 약간씩

소고기 양념 간장 2작은술, 설탕 · 참기름 1작은술씩, 후추 약간

소스 간장 · 올리고당 1큰술씩, 굴소스 2작은술, 후추 약간

HOW TO MAKE

1 목이버섯은 따뜻한 물에 불린 뒤 물기를 제거해두고 양파, 마늘, 대파, 마른 고추는 곱게 채 썬다.

2 소고기는 얇게 채 썰어 소고기 양념에 무친다.

3 오일을 두른 팬에 마늘, 대파, 마른 고추를 넣고 볶아 향을 낸 뒤 맛술을 넣는다.

4 여기에 소고기와 양파를 넣고 볶다가 소고기가 익으면 목이버섯을 넣는다.

5 분량의 소스를 넣어 재빨리 볶은 뒤 밥 위에 올리고 참기름을 뿌려 낸다.

버섯들깨탕

READY

표고버섯 2개, 목이버섯 10개, 소고기(불고기감) 200g,
풋고추 · 홍고추 1개씩, 국간장 2작은술,
다진 마늘 1작은술, 들깨가루 5큰술,
참기름 · 소금 · 후추 약간씩
멸치맛국물 멸치 1/2줌, 다시마 1장(사방 10cm), 물 4컵

HOW TO MAKE

1 표고버섯은 편 썰고, 목이버섯은 따뜻한 물에 불린 후 물기를 제거해둔다.

2 분량의 멸치맛국물을 10분간 끓인 후 멸치와 다시마를 건져 낸다.

3 뚝배기에 참기름을 두른 뒤 다진 마늘과 소고기를 넣고 볶는다.

4 소고기가 익으면 준비해둔 표고버섯과 목이버섯을 넣고 함께 볶다가 맛국물(2)을 부어 한소끔 끓인 후에 들깨가루를 넣는다.

5 국간장, 소금, 후추로 간한 뒤 링 썬 고추를 얹어 낸다.

새송이소고기구이

READY

새송이버섯 3개, 소고기 등심 200g, 실파 5대,
오일 · 소금 · 후추 약간씩
소스 간장 · 식초 1큰술씩, 오일 · 다진 양파 2큰술씩,
설탕 1/2큰술, 후추 약간

HOW TO MAKE

1 새송이버섯과 소고기는 도톰하게 편 썰고, 실파는
   5cm 길이로 자른다.
2 오일을 두른 팬에 새송이버섯, 소고기 순으로 올려
   노릇하게 굽는다.
3 분량의 소스를 섞는다.
4 새송이버섯, 소고기, 실파를 번갈아 놓은 후 소스
   를 얹어 낸다.

버섯두부덮밥 / 매운 버섯두부전골 / 버섯두부전

버섯+두부

쫀쫀한 버섯이 이번에는 보들보들한 두부를 만났어요. 버섯과 두부는 서로 맛과 식감을 보완해주는 좋은 짝꿍입니다. 어떤 종류의 버섯을 사용하더라도 괜찮아요. 여러분이 사랑하는 버섯과 두부 한 모만 있다면 오늘 저녁 다양한 요리로 그럴듯한 한상을 차리는데 전혀 문제없답니다. 자, 그럼 지금부터 시작해볼까요?

버섯두부덮밥

READY

만가닥버섯 1줌, 두부 1/4모, 밥 1공기, 양파 1/4개,
홍고추 1개, 물전분 1큰술, 다진 마늘 · 오일 약간씩
양념 굴소스 1큰술, 설탕 1/2큰술, 맛술 2큰술, 후추 약간

COOK TIP

물전분은 『물 : 전분가루(감자, 고구마, 옥수수) = 1 : 1』로 섞
은 것을 말합니다. 센 불에서 농도를 봐가며 물전분을 조금씩
넣고 재빨리 섞어 주어야 깔끔하게 완성되지요.

HOW TO MAKE

1 만가닥버섯은 한 송이씩 떼고 양파와 홍고추는
  채 썬다.

2 두부는 1㎝ 두께로 사각썰기한 후 노릇하게 굽
  는다.

3 오일을 두른 팬에 먼저 다진 마늘을 볶다가 양파,
  버섯을 넣어 볶는다.

4 양념을 넣어 함께 볶다가 물 1/2컵을 넣은 후 한
  소끔 끓인다.

5 물전분으로 농도를 내고 구워둔 두부(2)를 넣어
  가볍게 섞은 후 밥 위에 얹어 낸다.

매운 버섯두부전골

READY

느타리버섯 2줌, 팽이버섯 1/4봉지, 두부 1/4모,
양파 1/2개, 대파 1대, 쑥갓 1줌, 멸치 1/2줌,
다시마 1개(사방 5㎝), 소금 약간
양념 고춧가루 · 맛술 2큰술씩, 다진 마늘 · 국간장
1작은술씩, 고추장 2작은술

HOW TO MAKE

1 느타리버섯은 한 송이씩 떼고, 팽이버섯은 밑동을
  제거한다.
2 두부는 한입 크기로 자르고 양파는 채썰기, 대파
  는 어슷썰기한다.
3 물 4컵에 멸치와 다시마를 넣고 10분간 끓인 후
  건진다.
4 육수(3)에 양념을 넣고 한소끔 끓인 후 준비한 양
  파, 느타리버섯, 두부를 넣는다.
5 마지막으로 쑥갓, 대파, 팽이버섯을 넣고 소금으
  로 나머지 간을 한다.

버섯두부전

READY

표고버섯 15개, 두부 1/2모, 양파 1/4개, 종종 썬 실파 3큰술, 달걀 2개,
밀가루 1/2컵, 오일 · 소금 · 후추 약간씩

HOW TO MAKE

1 칼등으로 곱게 으깬 두부와 다진 양파, 실파를 섞고 소금, 후추로 간
을 한 뒤 버무린다.

2 표고버섯은 밑동을 자르고 안쪽 부분에 밀가루를 가볍게 묻힌다.

3 표고버섯 안에 **1**을 채운다.

4 밀가루, 달걀물 순으로 옷을 입히고 오일을 두른 팬에 올려 노릇하게
부친다.

간장맛 버섯볶음밥 / 새송이새우버터볶음 / 새우완자탕

RECIPE 4

버섯+새우

버섯 중에는 엄지 손가락만한 크기의 작은 새송이버섯도 있어요. 앙증맞은 크기로 한입에 쏙쏙 들어가니 볶음요리에 사용하면 참 편리하지요. 특히 새우와 크기가 비슷하기 때문에 볶음밥에 함께 넣거나 구워서 곁들이면 보기에도 좋고 먹기도 좋은 요리가 완성됩니다. 도톰한 버섯만의 촉촉한 식감을 마음껏 즐겨보세요.

간장맛 버섯볶음밥

READY

새송이버섯(小) 1줌, 칵테일 새우 1/2컵, 밥 1공기, 다진 양파 3큰술, 간장 1큰술,
참기름 1작은술, 종종 썬 실파 1큰술, 오일 · 소금 · 후추 약간씩

HOW TO MAKE

1 새송이버섯은 2등분한다.
2 오일을 두른 팬에 다진 양파, 새송이버섯, 새우를 넣고 함께 볶은 후 밥을 넣는다.
3 간장을 넣어 재빨리 볶은 후 소금과 후추로 나머지 간을 한다.
4 종종 썬 실파를 얹어 낸다.

새송이새우버터볶음

READY

새송이버섯(小) 2줌, 새우 중하 10개, 잣 2큰술, 버터 1큰술, 소금 · 후추 약간씩

HOW TO MAKE

1 새우는 껍질을 제거하고 잣은 곱게 다져둔다.
2 버터를 녹인 팬에 버섯과 새우를 올리고, 소금과 후추로 간하여 굽듯이 볶아준다.
3 버섯과 새우 위에 잣가루를 뿌려 낸다.

새우완자탕

READY

마른 표고버섯 3개, 불린 목이버섯 5개, 새우 중하 10마리, 양파 1/4개, 실파 3대,
국간장 2작은술, 다시마 1장(사방 5㎝), 전분가루 3큰술, 물전분 2큰술,
다진 마늘 1작은술, 실파 3대, 소금 약간

COOK TIP

- **마른 표고버섯 불리기**
  표고버섯이 잠길 정도로 물을 붓고,
  설탕 1작은술을 넣은 후 전자렌지에
  서 3분 이상 돌려주세요.
- 물전분은 『물 : 전분가루(감자, 고구
  마, 옥수수) = 1 : 1』로 섞은 것을 말합
  니다. 센 불에서 농도를 봐가며 물전
  분을 조금씩 넣고 재빨리 섞어 주어야
  깔끔하게 완성되지요.

HOW TO MAKE

1 마른 표고버섯은 물에 불린 후 물기를 제거하고, 새우는 껍질을 제거
  한 후 함께 곱게 다진다. 여기에 소금, 전분가루를 넣어 되직하게 반
  죽한다.
2 물 3컵에 다시마를 넣고 10분간 끓인 후 건져 낸다.
3 불린 목이버섯, 채 썬 양파와 새우 반죽을 숟가락으로 조금씩 덜어 **2**
  에 넣고 한소끔 끓인다.
4 국간장과 소금으로 간하고 물전분으로 농도를 낸 후 4㎝ 길이로 자른
  실파를 넣는다.

버섯날치알초밥 / 버섯달걀탕 / 날치알표고무침

RECIPE 5

버섯+날치알

단조로운 색감 덕에 완성해 놓으면 자칫 밋밋하게 보일 수도 있는 버섯 요리. 그렇다면 붉은 색의 날치알로 포인트를 줘보는 건 어떨까요? 보기 좋은 것은 물론이고 입에 넣었을 때 톡톡 터지는 식감까지 더해져 먹는 즐거움이 한층 업그레이드된답니다. 저 역시 버섯 요리에 선명한 붉은 빛의 날치알로 색감을 더해 자칫 평범하게 보일뻔했던 메뉴를 멋진 손님접대용 메뉴로 변신시켰습니다.

버섯날치알초밥

READY

표고버섯 3개, 밥 1공기, 날치알 5큰술, 무순 약간, 후리가케 2큰술
버섯양념 간장 1작은술, 맛술 1큰술
배합초 식초 5큰술, 설탕 4큰술, 소금 약간, 다시마 1장(사방 5㎝)

HOW TO MAKE

1 표고버섯은 편 썰기한 후 분량의 버섯양념과 섞어 가볍게 볶는다.
2 배합초 재료를 냄비에 넣고 설탕과 소금이 녹을 때까지 끓인 후 식힌다.
  따뜻한 밥에 배합초 2큰술을 넣고 섞는다.
3 밥, 표고버섯, 날치알, 후리가케를 넣고 섞는다.
4 그릇에 **3**을 담은 후 날치알, 표고버섯, 무순을 얹어 장식한다.

버섯달걀탕

READY

표고버섯 2개, 백만송이버섯 1줌, 달걀 1개, 날치알 3큰술, 실파 2대, 물전분 1큰술, 멸치 1/2줌, 다시마 1장(사방 5㎝), 가츠오부시 1줌, 국간장 1/2큰술, 소금 · 후추 약간씩

COOK TIP

물전분은 「물 : 전분가루(감자, 고구마, 옥수수) = 1 : 1」로 섞은 것을 말합니다. 센 불에서 농도를 봐가며 물전분을 조금씩 넣고 재빨리 섞어 주어야 깔끔하게 완성되지요.

HOW TO MAKE

1 각각의 버섯은 밑동을 잘라 손질하고, 달걀은 풀어서 준비해둔다.

2 물 4컵에 멸치와 다시마를 넣고 10분간 끓인 후 건져 낸다. 불을 끄고 가츠오부시를 넣는다.

3 10분 후에 체에 걸러 가츠오부시는 버리고, 여기에 버섯을 넣고 끓인다.

4 곱게 풀어둔 달걀을 부어 익힌 후 국간장, 소금, 후추로 간한다.

5 물전분을 넣어 농도를 내고 날치알과 3㎝로 길이로 자른 실파를 얹어 낸다.

날치알표고무침

READY

표고버섯 10개, 날치알 5큰술, 양파 1/2개,
종종 썬 실파 2큰술, 참기름 · 맛술 1큰술씩, 폰즈 2큰술,
통깨 1작은술, 소금 · 후추 약간씩

HOW TO MAKE

1 표고버섯은 얇게 편 썰기 하여 끓는 물에 가볍게 데친 후 물기를 제거한다.
2 양파도 곱게 채썰기 한다.
3 표고버섯, 양파, 날치알에 참기름, 맛술, 폰즈, 소금, 후추, 통깨를 넣어 가볍게 무치고 종종 썬 실파를 얹어 낸다.

버섯리소토 / 버섯스튜 / 버섯칠절판

버섯+채소

냉장고를 열어보면 사용하고 남은 자투리 채소들이 많이 발견되죠? 채소를 많이 먹어야 한다는 사실을 잘 알고 있지만 실상은 매끼마다 채소를 넣지 않을 때가 많아요. 그래서 냉장고 속에는 남은 채소들이 차곡차곡 쌓이고 쌓이는 거구요. 하지만 끼니마다 싱싱한 채소를 먹기 위해서는 구입하자마자 신선할 때 재빨리 요리에 사용하는 것이 좋아요. 이번에는 자투리 채소와 버섯을 활용한 다양한 건강 요리 레시피들을 소개합니다.

버섯리소토

READY

백만송이버섯 1줌, 다진 양파 3큰술, 다진 감자 3큰술, 다진 마늘 1큰술,
밥 2/3공기, 생크림 1/2컵, 우유 1/2컵, 모짜렐라 치즈 약간,
파마산 치즈가루 1큰술, 오일 · 소금 · 후추 약간씩

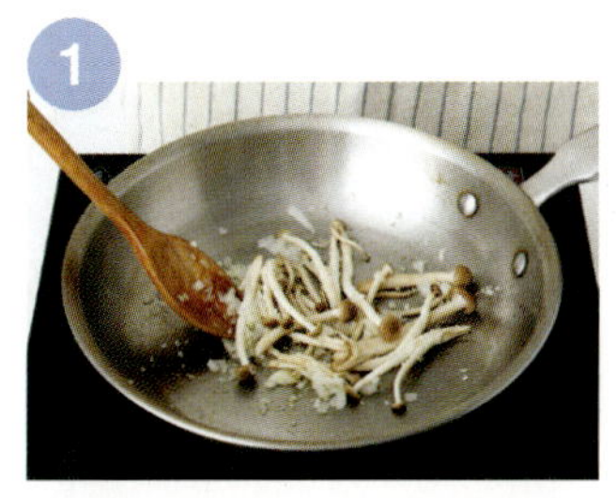

HOW TO MAKE

1 버섯은 적당한 크기로 잘라두고, 오일을 두른 팬에 다진 마늘을 볶아
  향을 낸 후에 양파와 감자, 버섯을 넣어 함께 볶는다.
2 밥을 넣어 함께 볶는다.
3 생크림과 우유를 붓고 끓인 후 소금, 후추, 파마산 치즈가루로 간한다.
4 소스를 조린 후 모짜렐라 치즈를 올려 낸다.

버섯스튜

READY

양송이버섯 5개, 느타리버섯 1줌, 토마토 홀 1컵,
양파 1개, 대파 1대, 당근 1/2개, 소금 · 후추 약간씩,
치킨스톡 1/2작은술

HOW TO MAKE

1 양파는 2등분하고 당근와 대파는 4등분한다.
2 물 4컵에 양파 1/2개, 당근 1/4개, 대파를 넣고 충분히 익도록 푹 끓인 후 건져 낸다.
3 남은 양파와 당근, 버섯을 먹기 좋은 크기로 자른다.
4 2에 토마토 홀을 으깨 넣은 후 3을 넣고 끓인다.
5 치킨스톡, 소금, 후추로 간한다.

버섯칠절판

READY

백만송이버섯 1줌, 표고버섯 5개, 느타리버섯 1줌,
오이 1/2개, 달걀 2개, 당근 1/2개, 밀가루 1컵,
소금 · 후추 · 오일 약간씩
겨자소스 간장 1큰술, 물 1큰술, 설탕 1작은술, 겨자 약간

HOW TO MAKE

1 각각의 버섯은 적당한 크기로 자르고, 오이는 돌려깎기한 후 곱게 채 썬다.

2 달걀은 지단을 부친 후 채 썰고, 당근도 곱게 채 썬다.

3 밀가루는 소금으로 간하여 물로 반죽을 한 후 동그랗고 얇게 부친다.

4 잘라둔 버섯, 당근, 오이는 소금 간하여 각각 볶아둔다.

5 그릇에 밀전병(3)과 버섯, 당근, 오이, 달걀을 차례로 나열한 후 겨자소스를 섞어 곁들여 낸다.

EASY COOKING
PART 03

ONE + TWO

버섯에 재료 둘

조개류+감자

채소+당면

채소+닭고기

채소+낙지

채소+소고기

새우+양배추

돼지고기+두부

시금치+달걀

버섯수제비 / 노루궁뎅이버섯을 얹은 크램차우더 / 뜨거운 버섯조개샐러드

버섯+조개류+감자

요리에 감칠맛 내는 데는 조개만한 것이 없죠. 국물에 넣어 끓이면 깊고 시원한 맛을, 굽거나 볶으면 쫄깃하고 진한 맛을 낼 수 있거든요. 여기에 감자로 부드러운 식감과 더불어 볼륨감을 한껏 더해주고, 버섯으로 은은한 향과 씹는 맛을 더했습니다. 어느 날은 수제비로 시원하게 끓여내고, 어느 날은 수프로 부드러운 맛을 즐기며, 손님을 대접해야 하는 날에는 상큼한 샐러드 한 접시로 변신시켜 보세요.

버섯수제비

READY

갖은 버섯 1줌, 바지락 100g, 양파 1/4개, 감자 1/3개,
수제비 반죽 1인분, 멸치 1/2줌, 다시마 1장(사방 5cm),
국간장 1큰술, 다진 마늘·소금·후추 약간씩

HOW TO MAKE

1 감자는 반달 형태로 썰고, 양파 굵게 채 썬다.
2 물 3컵에 바지락, 다시마, 멸치를 넣고 10분간 끓
   인 후 다시마와 멸치만 건져 낸다.
3 양파와 감자를 넣고 한소끔 끓인 후 수제비 반죽
   을 잘라 넣는다.
4 국간장과 다진 마늘로 간하고 버섯을 넣어 한소
   끔 끓인다.
5 소금과 후추로 나머지 간을 맞춘다.

노루궁뎅이버섯을 얹은 크램차우더

READY

노루궁뎅이버섯 1팩, 바지락 200g, 감자 1개,
밀가루 1큰술, 다진 양파 3큰술, 버터 1큰술, 우유 1컵,
생크림 1컵, 파마산 치즈가루 3큰술,
오일 · 소금 · 후추 약간씩

HOW TO MAKE

1 감자를 얇게 편 썰고 오일을 두른 팬에 다진 양파
와 감자를 넣은 후 볶는다.

2 버터를 녹인 냄비에 밀가루를 넣어 볶다가 우유
와 생크림을 붓고 끓인다.

3 여기에 **1**을 넣고 끓인 후 바로 믹서에 옮겨 곱게 간다.
핸드블랜더로 냄비에 있는 그대로 으깨도 상관없다.

4 **3**에 바지락을 넣고 끓인 후 파마산 치즈가루와 소
금, 후추로 간한다.

6 오일을 두른 팬에 노루궁뎅이버섯을 올리고 소금 간
하여 노릇하게 구운 후 크램차우더 위에 올린다.

뜨거운 버섯조개샐러드

READY

갖은 버섯 2줌, 루꼴라 2줌, 가리비살 200g, 감자 1개,
파슬리 가루 · 파마산 치즈가루 약간씩, 오일 · 소금 · 후추 약간씩,
드레싱 오일 1/4컵, 마늘 1톨(편 썰기), 간장 2작은술, 소금 · 후추 약간씩

HOW TO MAKE

1 감자는 반달 형태로 썰어 파마산 치즈가루, 파슬리가루, 오일, 소금, 후추로 버무린다.
2 가리비살은 오일, 소금, 후추로 버무린다.
3 오일과 소금에 버무린 버섯과 함께 가리비살, 감자를 180℃ 오븐에 넣어 15~20분간 굽는다.
4 분량의 드레싱을 한소끔 끓인 후 루꼴라, 가리비, 감자, 버섯 위에 뿌린다.

일본식 버섯당면덮밥 / 맑은 버섯전골 / 버섯잡채

RECIPE 2

버섯+채소+당면

주방 수납장 어딘가에 잡채를 만들고 남은 당면을 꽁꽁 싸매 오랫동안 보관하고 있다가 버렸던 경험, 누구나 한번쯤 있으시죠? 사실 당면은 어느 요리에 넣어도 맛있다는 것을 잘 알지만 정작 잡채 만들 때 외에는 잘 활용하지 않는 것 같습니다. 그러니 이번에는 덮밥에 넣어 볼륨감을 한껏 살리거나, 전골에 넣어 후루룩 목으로 넘어가는 식감을 즐기는 등 다양한 당면 응용 요리들을 소개해 보려고 합니다. 부드러운 당면에 쫀득한 식감이 살아 있는 버섯으로 포인트를 주었습니다.

일본식 버섯당면덮밥

READY

느타리버섯 1줌, 팽이버섯, 양파 1/4개, 당근 1/8개, 당면 50g, 밥 2/3공기,
달걀물 1개분, 대파 1대, 다진 마늘 1작은술, 오일 · 참기름 · 소금 · 후추 약간씩,
맛국물 다시물 1컵, 간장 · 맛술 · 설탕 1큰술씩

HOW TO MAKE

1 오일을 두른 팬에 다진 마늘과 적당한 크기로 자른 양파와 당근을 넣
고 볶는다.
2 분량의 맛국물 재료를 넣어 한소끔 끓인다.
3 당면은 따뜻한 물에 10분간 담가 부드럽게 불린 후 버섯과 함께 **2**에
넣어 끓인다.
4 소금, 후추로 나머지 간을 하고 국물이 반으로 졸면 달걀물을 부어가
며 모양을 잡는다.
5 참기름과 송송 썬 대파를 넣은 후 밥 위에 올린다.

맑은 버섯전골

READY

갖은 버섯 2줌, 당면 50g, 양파 1/4개, 청경채 2개,
배추 3장, 무 1토막(약 3cm), 대파 1대, 멸치 1/2줌,
다시마 1장(사방 5cm), 다진 마늘 1작은술,
국간장 1/2큰술, 소금 · 후추 약간씩
깨소스 땅콩버터 1큰술, 간장 · 식초 · 맛술 · 설탕
1/2큰술씩, 참깨 · 다진 마늘 1/2작은술씩

HOW TO MAKE

1 버섯, 양파, 청경채, 배추, 무는 적당한 크기로 자
르고, 당면은 뜨거운 물에 10분 정도 담가 불린다.

2 물 4컵에 멸치와 다시마, 무를 넣고 10분간 끓인
후 멸치와 다시마만 건져 낸다.

3 2에 양파와 버섯, 배추를 넣고 한소끔 끓인 후 청
경채와 당면을 넣는다.

4 국간장, 다진 마늘, 소금, 후추로 간을 한 후 어슷
썰기한 대파를 넣는다.

5 분량의 깨소스를 섞어 곁들여 낸다.

버섯잡채

READY

갖은 버섯 3줌, 당면 200g, 양파 1/2개, 당근 1/6개,
시금치 1/2단, 참기름 · 소금 약간씩
양념 간장 3큰술, 설탕 · 참기름 2큰술씩,
소금 · 후추 · 통깨 약간씩

COOK TIP

당면은 삶은 후 찬물에 헹구지 말고 바로 사용하세요. 뜨거울
때 버무려야 양념이 잘 밴답니다.

HOW TO MAKE

1 버섯은 길쭉하게 자르고 양파와 당근은 곱게 채
썬다.

2 오일을 두른 팬에 버섯, 양파, 당근을 각각 소금
간하여 볶아둔다.

3 시금치는 끓는 물에 살짝 데쳐 소금과 참기름으
로 가볍게 무친다.

4 끓는 물에 당면을 삶은 후 버섯, 양파, 당근, 시금
치를 넣고 분량의 양념으로 무친다.

버섯닭고기영양죽 / 버섯을 듬뿍 넣은 커리 / 표고맛 치킨구이

RECIPE 3

버섯＋채소＋닭고기

닭고기죽 한 그릇 먹고 나면 힘이 불끈 나지요? 그래서 기력이 없고 축 쳐질 때 닭고기죽 한 그릇을 보양식으로 먹기도 하지요. 평범한 닭고기죽에 버섯을 넣어 식감을 살려보면 어떨까요? 물론 영양도 만점이겠지요? 또한 채소와 육류로 만든 카레에 좋아하는 종류의 버섯을 듬뿍 넣어보세요. 맛도, 향도 달라져 전혀 색다른 요리처럼 느껴진답니다. 표고향이 솔솔 나는 닭고기 구이는 어떠세요? 하나씩 꼬치에 꽂아 먹기에도, 보기에도 좋은 요리가 탄생된답니다. 자, 그럼 지금부터 버섯과 닭고기, 채소의 설레는 만남을 즐겨볼까요?

버섯닭고기영양죽

READY

표고버섯 1개, 닭가슴살 1/2개, 불린 쌀 1/3컵,
당근 · 브로콜리 약간씩, 다시마 1장(사방 5cm),
참기름 1큰술, 소금 약간

COOK TIP

과정 3에서 쌀이 뚝배기에 눌러 붙지 않도록 중간중간 닭고기
육수를 넣어 가며 볶아주세요.

HOW TO MAKE

1 표고버섯, 당근, 브로콜리는 입자감이 살도록 다
   져둔다.

2 물 2 1/2컵에 닭가슴살과 다시마를 넣어 10분 정
   도 끓인 후 다시마와 닭가슴살을 건져내고, 닭가
   슴살은 곱게 다져둔다.

3 참기름을 두른 뚝배기에 불린 쌀을 넣고 투명해
   질 때까지 볶는다.

4 표고버섯, 다진 닭가슴살, 당근, 브로콜리를 넣고
   함께 볶는다.

5 볶는 중간 닭고기 육수(2)를 넣어가며 밥이 잘 퍼
   지도록 한다. 약간의 소금으로 간한다.

버섯을 듬뿍 넣은 커리

READY

갖은 버섯 2줌, 닭고기 안심 4장, 양파 1/2개, 당근 1/6개,
브로콜리 1/2줌, 시판용 갈색 커리 1/2컵, 우유 1/2컵,
오일 약간

HOW TO MAKE

1 양파, 당근, 브로콜리, 닭고기 안심, 버섯은 한입
크기로 자른다.

2 오일을 두른 팬에 양파를 넣고 갈색이 날 때까지
볶다가 당근, 닭고기, 브로콜리, 버섯 순으로 넣
어가며 함께 볶아준다.

3 물 2컵과 우유를 부어 한소끔 끓인 후 갈색 커리
를 넣어 농도를 낸다.

표고맛 치킨구이

READY

닭고기 안심 10장, 파마산 치즈가루 2큰술, 화이트와인 2큰술, 빵가루 1/4컵,
다진 파슬리 1큰술, 오일 · 소금 · 후추 약간씩
표고소스 표고버섯 3장, 양송이버섯 3장, 양파 1/4개, 블랙올리브 5개,
마늘 2톨, 오일 5큰술

HOW TO MAKE

1 닭고기 안심을 칼등으로 두드린 후 소금, 후추, 화이트와인으로 밑간
하여 꼬치에 꽂는다.
2 분량의 표고소스 재료를 블랜더에 넣고 곱게 간다.
3 오일을 두른 팬에 **2**를 올려 수분이 없어질 때까지 볶은 후 빵가루, 파
마산 치즈가루, 파슬리를 넣고 소금과 후추로 간한다.
4 닭고기 안심에 **3**을 꼼꼼히 바르고 200℃의 오븐에서 10~15분간 굽
는다.

미소국밥 / 연포탕 / 낙지볼튀김

RECIPE 4

버섯+채소+낙지

낙지 한 마리를 사가지고 와서 어떤 요리를 할까 고민도 하기 전에, 가장 쉬운 낙지볶음으로 바로 직행하지는 않았나요? 낙지로 할 수 있는 요리가 많지 않다고 생각하고 있다면, 버섯과 함께 이런 요리는 어떤가요? 일본식 된장으로 국밥을 만들고 낙지와 버섯을 듬뿍 넣어 쫄깃한 식감을 살려보았어요. 시원한 연포탕에 버섯과 채소를 수북히 담아 깊은 맛과 볼륨감을 살리고, 아이들이 좋아하는 감자볼에 낙지와 버섯으로 씹는 재미까지 더해주었답니다.

미소국밥

READY

만가닥버섯 2줌, 낙지 1마리, 찬밥 2/3공기,
다진 양파 3큰술, 미소 된장 1 1/2큰술,
곱게 간 고춧가루 1작은술, 종종 썬 실파 1큰술,
다진 마늘 1작은술, 김 약간
가츠오부시 육수 다시마 1장(사방 5cm), 가츠오부시 1줌,
표고버섯 밑동 3개

HOW TO MAKE

1 낙지는 2cm 길이로 자르고, 만가닥버섯은 송이송
  이 떼어 낸다.
2 물 4컵에 다시마와 표고버섯 밑동을 넣어 10분간
  끓인 후, 불을 끄고 가츠오부시를 10분간 넣어둔
  다. 체에 한 번 걸러 가츠오부시 육수를 만든다.
3 육수에 찬밥과 다진 양파를 넣고 끓이다가 낙지,
  만가닥버섯, 미소 된장, 고춧가루를 넣어 한 번
  더 끓인다.
4 다진 마늘과 소금으로 간을 한 후 실파와 가늘게
  썬 김을 얹어 낸다.

연포탕

READY

갖은 버섯 2줌, 낙지 2마리, 배추 3장, 무 1토막(두께 3㎝),
쑥갓 1줌, 양파 1/2개, 멸치 1/2줌, 다시마 2장(사방 5㎝),
국간장 1/2큰술, 다진 마늘 2작은술, 대파 1대,
소금 · 후추 약간씩

COOK TIP

육수를 낸 무와 배추, 양파는 한입 크기로 잘라 다시 국물에
넣어도 좋답니다. 낙지는 밀가루로 문질러 씻어주세요.

HOW TO MAKE

1 버섯은 적당한 크기로 자르고, 낙지는 깨끗이 손
질한다.

2 무는 4등분, 양파는 2등분 하고, 쑥갓은 5㎝ 길이
로 자른다.

3 물 5컵에 멸치, 다시마, 배추, 무, 양파를 넣고 10
분간 끓인 후 멸치와 다시마만 건져 낸다.

4 무, 양파, 배추가 투명해질 때까지 끓인 후 무와 양파
는 건져 내고 버섯과 낙지를 넣어서 한 번 더 끓인다.

5 국간장, 소금, 후추, 다진 마늘로 간을 한 후 쑥갓
을 올려 마무리한다.

낙지볼튀김

READY

갖은 버섯 1줌, 낙지 1마리, 감자 2개, 밀가루 1/2컵, 빵가루 2컵, 달걀물 1개분,
오일 2컵, 소금 · 후추 약간씩

HOW TO MAKE

1 감자는 삶아서 거칠게 으깨고, 낙지와 버섯은 입자감이 살도록 다져
 둔다.

2 볼에 **1**을 넣고 소금과 후추로 간을 하여 한데 섞는다.

3 지름 3cm 정도 되는 크기로 동그란 볼 모양을 만든다.

4 밀가루, 달걀물, 빵가루 순으로 튀김옷을 입히고 180℃의 오일에서
 노릇하게 튀긴다.

버섯양배추비빔밥 / 차돌버섯된장찌개 / 버섯소스스테이크

RECIPE 5

버섯+채소+소고기

궁합이 좋은 버섯과 소고기. 여기에 영양도 만점, 향도 끝내주는 채소를 듬뿍 넣어 업그레이드 시켜볼까요? 부드럽게 볶은 양배추와 버섯을 볶음 고추장에 쓱쓱 비비기만 하면 완성되는 맛있는 비빔밥, 버섯과 차돌박이가 만나 구수한 맛을 내는 차돌버섯된장찌개, 쫄깃한 버섯이 듬뿍 얹어 있는 스테이크 등 모두 초보자도 충분히 도전해볼 수 있는 쉬운 메뉴들이랍니다.

버섯양배추비빔밥

READY

갖은 버섯 1줌, 다진 소고기 50g, 양배추 2장, 치커리 2장, 밥 1공기, 참기름 약간
양념 고추장 1큰술, 올리고당 2작은술, 참기름 1작은술, 물 2큰술, 통깨 약간

HOW TO MAKE

1 버섯은 알맞은 크기로 자르고, 양배추는 곱게 채 썰고, 치커리는 한입 크기로 자른다.

2 오일을 두른 팬에 소고기를 넣고 볶다가 분량의 양념을 부어 함께 볶는다.

3 참기름을 두른 팬에 버섯과 양배추 각각을 소금 간 하여 살짝 볶은 후, 치커리와 함께 밥 위에 얹는다.

4 볶은 고추장(2)을 얹어 낸다.

차돌버섯된장찌개

READY

갖은 버섯 2줌, 차돌박이 100g, 호박 1개(길이 5cm 정도),
양파 1/4개, 대파 1대, 청양고추 1개, 된장 2큰술,
다진 마늘 1작은술, 국간장 2작은술, 멸치 1/2줌,
다시마 1장(사방 5cm)

HOW TO MAKE

1 버섯은 한입 크기로 자르고, 호박은 반달썰기, 양
파는 굵직하게 채 썰기, 청양고추와 대파는 링 썰
기한다.

2 물 3컵에 멸치와 다시마를 넣고 10분간 끓인 후
모두 건져 낸다.

3 2에 된장을 풀고 차돌박이, 호박, 양파, 버섯을
넣어 한소끔 끓인다.

4 다진 마늘과 국간장으로 간을 한 후 대파와 청양
고추를 넣는다.

버섯소스스테이크

READY

만가닥버섯 2줌, 다진 소고기 250g, 다진 양파 4큰술, 다진 샐러리 2큰술,
빵가루 약간, 시판용 스테이크 소스 1/2컵, 레드 와인 1/2컵,
오일 · 소금 · 후추 약간씩, 버터 1조각

HOW TO MAKE

1 다진 소고기에 다진 양파, 다진 샐러리, 소금, 후추를 넣고 섞은 후 빵
  가루로 농도를 맞춘다.
2 먹기 좋은 크기로 동그랗게 모양을 만들고, 오일을 두른 팬에 올려 노
  릇하게 굽는다.
3 버터를 두른 팬에 만가닥버섯을 올려 가볍게 볶는다.
4 3에 스테이크 소스와 레드 와인을 넣고 농도가 날 때까지 졸인다.
5 스테이크(2)를 팬에 얹고 소스에 조린다.

상하이 버섯파스타 / 대하탕 / 매운 목이버섯샐러드

RECIPE 6

버섯＋새우＋양배추

우리의 주재료인 버섯에 새우와 양배추만 준비된다면 멋진 한 상을 차려낼 수 있어요. 각 요리들은 전부 버섯, 새우, 양배추 이 세 가지 재료만으로 만들었지만 서로 다른 맛과 모양이기 때문에 전혀 다른 음식이라고 생각될 거예요. 냉동실에 보관해둔 칵테일 새우도 좋고요, 대하 새우도 좋아요. 양배추도 한 통 사면 쓰고 남은 재료는 처치 곤란일 경우가 많지요? 갖가지 버섯과 함께 다양한 요리에 응용해보세요.

상하이 버섯파스타

READY

새송이버섯 1줌, 스파게티면 1인분, 칵테일 새우 1컵, 양배추 3장,
다진 마늘 1큰술, 다진 양파 2큰술, 대파 1/2대(흰 부분), 소금 · 후추 약간씩,
고추씨오일 1큰술
양념 굴소스 · 허브시즈닝 1/2큰술씩, 올리고당 · 간장 2큰술씩

HOW TO MAKE

1 고추씨오일을 두른 팬에 다진 마늘과 채 썬 대파(흰 부분)를 볶아 향
　을 낸다.
2 도톰하게 채 썬 양배추, 칵테일 새우, 2등분한 새송이버섯을 넣고 소
　금과 후추로 간한 후 함께 볶는다.
3 삶은 스파게티 면을 넣는다.
4 분량의 양념을 넣어 재빨리 볶아 낸다.

대하탕

READY

갖은 버섯 2줌, 새우 대하 6마리, 양배추 3장, 양파 1/4개,
멸치 1/2줌, 다시마 1장(사방 5㎝), 쑥갓 한줌,
소금 · 후추 약간씩
양념 고춧가루 2큰술, 다진 마늘 1작은술,
고추장 2작은술, 맛술 1큰술, 국간장 1/2큰술

HOW TO MAKE

1 버섯은 적당한 크기, 양배추는 듬성듬성, 쑥갓은
약 5㎝ 길이로 자른다.

2 물 4컵에 멸치와 다시마를 넣고 10분간 끓인 후
전부 건져 낸다.

3 분량의 양념장을 섞은 후 한소끔 끓인다.

4 양배추, 대하, 버섯을 넣고 끓이다가 소금과 후추
로 나머지 간을 맞춘다.

5 쑥갓을 얹어 낸다.

매운 목이버섯샐러드

READY

목이버섯 2줌, 칵테일새우 1컵, 양배추 5장, 청양고추 2개,
시치미 약간
소스 간장 · 오일 1큰술씩, 참치 액젓 · 식초 1/2큰술씩,
설탕 · 시치미 1작은술씩

HOW TO MAKE

1 목이버섯은 따뜻한 물에 10분간 불린 후 끓는 물
   에 가볍게 데치고, 칵테일새우는 끓는 물에 10초
   간 데친다.
2 청양고추는 링으로 썰고, 양배추는 곱게 채 썬다.
3 목이버섯, 새우, 청양고추, 양배추에 분량의 소스
   를 섞어 넣은 후 가볍게 버무린다.
4 시치미를 뿌려 낸다.

매운 버섯볶음면 / 버섯동그랑땡 / 섞어찌개

버섯+돼지고기+두부

돼지고기와 두부는 궁합이 좋은 재료이지요? 여기에 버섯으로 쫄깃한 식감은 물론이고 향까지 더해보았습니다. 매콤한 두반장 소스로 볶은 매운 버섯볶음면 위에 바삭하게 볶은 두부 소보로를 눈처럼 뿌려보세요. 소스의 매운 맛을 바삭바삭한 두부가 보완해주겠지요? 얼큰한 섞어찌개에는 버섯을 듬뿍 넣었더니 볼륨감이 살아나 한층 더 푸짐한 찌개가 되었습니다. 밋밋할 수 있는 동그랑땡에도 버섯을 넣어 씹는 감을 살려보세요.

매운 버섯볶음면

READY

만가닥버섯 1/2줌, 느타리버섯 1줌, 쌀국수 면 1인분,
다진 돼지고기 50g, 두부 1/4모, 다진 마늘 1/2큰술,
다진 양파 3큰술, 두반장 · 맛술 1큰술씩, 간장 1작은술,
올리고당 1큰술, 고추장 · 참기름 1작은술씩,
오일 · 소금 · 후추 약간씩

HOW TO MAKE

1 각각의 버섯은 적당한 크기로 자르고, 쌀국수 면은
  삶아둔다.

2 오일을 두른 팬에 다진 마늘과 다진 양파를 넣고
  볶다가 맛술과 간장을 넣는다.

3 돼지고기를 넣고 함께 볶다가 잘라둔 버섯(1)을 넣는다.

4 두반장, 올리고당, 고추장을 넣어 볶은 후 마지막
  으로 쌀국수 면을 넣고 재빨리 볶는다.

5 참기름, 소금, 후추로 나머지 간을 한다.

6 오일을 넉넉하게 두른 팬에 으깬 두부를 넣어 바삭
  하게 볶은 후 면 위에 뿌려 낸다.

버섯동그랑땡

READY

갖은 버섯 1줌, 다진 돼지고기 1/2컵, 두부 1/4모,
다진 양파 3큰술, 다진 마늘 1작은술, 달걀 2개,
밀가루 · 소금 · 후추 · 오일 약간씩

HOW TO MAKE

1 버섯은 가볍게 데쳐 물기를 제거한 후 곱게 다지
  고, 두부는 칼등으로 으깨 물기를 제거한다.
2 버섯, 다진 돼지고기, 으깬 두부, 다진 양파와 마
  늘을 한데 섞은 후 동그랗고 납작하게 빚는다.
3 밀가루를 묻힌 후 달걀물로 옷을 입히고 오일을
  두른 팬에서 노릇하게 구워 낸다.

쉬어찌개

READY

갖은 버섯 2줌, 돼지고기 목살 100g, 두부 1/4모, 양파 1/4개, 대파 1대, 멸치 1/2줌, 다시마 3장(사방 5cm), 소금 · 후추 약간씩

양념 고추장 · 맛술 1/2큰술씩, 고춧가루 2큰술, 다진 마늘 1작은술, 국간장 2작은술

HOW TO MAKE

1 버섯은 적당한 크기로 자르고, 돼지고기 목살은 얇게 편 썬다.
2 돼지고기 목살(1)에 채 썬 양파와 분량의 양념을 넣고 버무린다.
3 물 4컵에 멸치와 다시마를 넣어 10분간 끓인다.
4 뚝배기에 버섯과 돼지고기 목살(2)을 넣고 볶다가 육수(3)를 부어 끓인다.
5 한입 크기로 자른 두부와 어슷썰기한 대파를 넣고 소금과 후추로 나머지 간을 맞춘다.

버섯오믈렛 / 느타리버섯깨무침 / 달걀찜

버섯+시금치+달걀

어느 집 냉장고에나 떡 하니 자리 잡고 있는 달걀. 다양한 메뉴에서 활용할 수 있는 범위가 무한대인 재료이긴 하지만, 혹시 여러분 식탁에 놓인 달걀 메뉴는 언제나 같은 요리는 아니었나요? 그렇다면 이번엔 매일 똑같은 달걀프라이 대신 오믈렛으로 한껏 폼을 잡아보세요. 또 일본식으로 맛을 낸 달걀찜에 버섯과 시금치를 듬뿍 넣어 맛과 영양을 더해보는 것도 좋아요. 쫄깃한 느타리버섯을 들깨에 버무리고, 시금치와 달걀을 넣으면 아이들, 남편을 위한 영양 듬뿍 반찬으로도 제격이겠지요?

버섯오믈렛

READY

양송이버섯 3개, 느타리버섯 1/2줌, 시금치 1/4단,
달걀 2개, 다진 양파 3큰술, 우유 3큰술, 피자 치즈 한줌,
오일 · 소금 약간씩

HOW TO MAKE

1 각각의 버섯은 곱게 다지고, 시금치는 3㎝ 정도
  길이로 자른다.
2 달걀에 우유를 넣고 소금으로 간하여 풀어준다.
3 오일을 두른 팬에 다진 양파를 넣고 볶다가 다진
  버섯과 시금치를 넣어 볶는다.
4 달걀물(2)을 넣어 반숙으로 스크램블 하다가 팬의
  가장자리를 이용하여 동그랗게 모양을 만든다.
5 마지막으로 피자 치즈를 올리고 남은 열로 익힌다.

느타리버섯깨무침

READY

느타리버섯 2줌, 시금치 1/4단, 달걀 1개,
소금 · 후추 · 오일 · 버터 약간씩
소스 들깨가루 2큰술, 간장 · 맛술 1/2큰술씩,
다시물 1큰술, 다진 마늘 · 설탕 · 참기름 1/2작은술씩

HOW TO MAKE

1 끓는 소금물에 느타리버섯을 넣어 데친 후 물기를
제거해두고, 시금치는 절반으로 잘라 끓는 소금물
에 살짝 데쳐 준비한다.

2 달걀은 지단을 부쳐 곱게 채 썰고, 분량의 소스
재료는 따로 섞어둔다.

3 데친 느타리버섯, 데친 시금치, 채 썬 달걀 지단
에 분량의 소스를 넣어 가볍게 무친다.

달걀찜

READY

갖은 버섯 1/2줌, 시금치 3줄기, 달걀 3개, 다시마 1장(사방 5cm),
가츠오부시 1줌, 소금 · 참기름 약간씩

1

2

3

4

COOK TIP

달걀찜을 이쑤시개로 찔렀을 때 묻어나는 것이 없을 때까지 중탕으로 익혀주세요.

HOW TO MAKE

1 물 2컵에 다시마를 넣고 10분간 끓인 후 다시마를 건져 낸다. 여기에 가츠오부시를 넣고 10분간 둔다.

2 달걀을 풀은 후 남은 건더기까지 다 건져낸 다시물**(1)** 1컵을 붓고 섞어서 체에 한 번 거른다.

3 여기에 곱게 다진 버섯과 2cm 길이로 자른 시금치를 넣고 소금으로 간한다.

4 **3**을 용기에 담고 중탕으로 약한 불에서 익힌 후 참기름 약간을 떨어뜨린다.

EASY COOKING
PART 04

ONE + THREE

버섯에 재료 셋

시금치+채소+달걀
소고기+채소+떡

냉소바 / 태국식 달걀말이 / 버섯수프

RECIPE 1

버섯+시금치+채소+달걀

버섯을 활용해 일본·서양·동남아 스타일의 음식으로 변신시켜보세요. 오동통한 우동면에는 쫄깃한 버섯을, 버터 향이 나는 버섯수프 위에는 시금치를 풍성하게 올려보고, 풍성한 버섯달걀말이 속에는 맛의 포인트를 주기 위해 고수를 넣어보는 등 버섯으로 할 수 있는 요리는 무한대입니다. 모두 주위에서 쉽게 구할 수 있는 평범한 재료들이지만 색다른 레시피로 만들어 집안에서 세계인의 요리를 즐겨보세요.

냉소바

READY

갖은 버섯 1줌, 우동면 1개, 시금치 1/6단, 양파 1/4개,
달걀 1개, 오일 · 소금 · 후추 약간씩
맛국물 다시물 1/2컵, 츠유 2큰술, 설탕 1큰술,
와사비 약간

COOK TIP

수란은 국자에 달걀을 올린 후 식초를 약간 넣은 끓는 물에
재빨리 넣어 익혀주세요.

HOW TO MAKE

1 버섯은 적당한 크기로, 시금치는 5㎝ 길이로 자른다.

2 오일을 두른 팬에 버섯과 채 썬 양파를 넣고 소금
　과 후추로 간하여 볶는다.

3 달걀은 반숙으로 수란하여 준비하고, 우동면은
　삶은 후 얼음물에 헹궈서 차게 준비한다.

4 분량의 맛국물 재료를 섞는다.

5 우동면 위에 버섯, 양파, 시금치, 수란을 올리고
　맛국물(4)을 붓는다.

태국식 달걀말이

READY

갖은 버섯 2줌, 양파 1/2개, 당근 1/4개, 양배추 3장,
고수 약간, 시금치 1/3단, 달걀 3개, 김 1장,
피시소스 1큰술, 설탕 1작은술, 레몬즙 1/2큰술,
스리라차 칠리소스 1큰술, 오일 · 소금 · 후추 약간씩

HOW TO MAKE

1 버섯은 길게 찢고, 양파, 당근, 양배추는 채 썰고,
  고수는 잘게 다진다.

2 시금치는 가볍게 데치고 달걀은 곱게 풀어 놓는다.

3 오일을 두른 팬에 버섯, 양파, 당근, 양배추를 넣
  고 볶다가 피시소스, 설탕, 레몬즙, 칠리소스를
  넣어 함께 볶는다.

4 팬에 달걀물을 얇게 펴 익히고, 위에 김 1/2장, 시
  금치, **3**, 고수 순으로 올려 돌돌 말아준다.

5 한 김 식으면 한입 크기로 자른다.

버섯수프

READY

갖은 버섯 2줌, 시금치 1/4단, 다진 양파 3큰술, 다진 마늘 1큰술,
달걀 1개(노른자만), 생크림 1/2컵, 우유 1컵, 파마산 치즈가루 2큰술,
버터 2큰술, 소금 · 후추 약간씩

HOW TO MAKE

1 버터 1큰술을 녹인 냄비에 먼저 다진 마늘과 다진 양파를 넣고 볶아
　향을 낸 후 적당한 크기로 자른 버섯을 넣고 함께 볶는다.

2 1에 생크림과 우유를 붓고 끓이다가 끓으면 믹서로 곱게 갈아준다.

3 약한 불에 올려 농도를 내다가 파마산 치즈가루, 소금, 후추로 간을
　맞추고, 불을 끈 후 달걀 노른자를 넣어 재빨리 섞는다.

4 버터 1큰술에 시금치를 넣고 가볍게 볶은 후 소금, 후추로 간을 하고
　완성된 수프 위에 올린다.

창작 버섯비빔밥 / 소고기뚝배기 / 궁중떡볶이

버섯+소고기+채소+떡

한끼로 차리면 든든한 떡과 소고기에 버섯과 채소를 듬뿍 넣어 맛과 영양의 조화를 갖춰보세요. 가족을 위한 한끼 식사뿐만 아니라, 손님접대용 요리로 내는데도 손색 없답니다. 소고기와 떡으로만 만들면 다소 단조로워 보일 수도 있는 요리지만 버섯으로 포인트를 살리니 향도 진해졌고, 식감과 맛도 훨씬 좋아졌네요. 식탁을 가득 채운 맛있는 음식들을 보니 마음까지 풍성해지는 듯 합니다.

창작 버섯비빔밥

READY

갖은 버섯 1줌, 소고기 100g, 가래떡 150g, 애호박 1/4개,
콩나물 1줌, 시금치 1/4단, 참기름 · 오일 · 소금 · 후추
약간씩, 초고추장 1큰술
고기 양념 간장 · 참기름 1작은술씩, 설탕 1/2작은술,
소금 · 후추 약간씩

HOW TO MAKE

1 소고기는 곱게 채 썰어 고기 양념에 버무린 후 볶는다.

2 버섯은 적당한 크기로 자르고, 애호박은 반달썰기
한 후 각각 소금으로 간하여 볶는다.

3 콩나물과 시금치는 각각 데쳐 소금과 참기름으로
간하여 버무려 둔다.

4 떡은 2㎝ 길이로 잘라 끓는 물에 데치고, 참기름으
로 버무려 놓는다.

5 떡을 그릇에 담고 소고기, 버섯, 애호박, 콩나물, 시
금치를 돌려 담은 후 마지막으로 초고추장을 곁들
여 낸다.

소고기뚝배기

READY

갖은 버섯 2줌, 불고기용 소고기 200g, 가래떡 100g,
양배추 2장, 당근 약간, 대파 1대
고기 양념 간장 · 양파즙 3큰술씩, 설탕 1큰술,
다진 마늘 1작은술, 배즙 2큰술, 소금 · 후추 약간씩
다시물 물 2컵, 다시마 1장(사방 5cm)

HOW TO MAKE

1 갖은 버섯, 양배추, 당근, 대파는 한입 크기로 자른
다. 다시물은 10분간 끓인 후 다시마를 건져 낸다.

2 소고기는 양념에 30분간 재운다.

3 뚝배기에 소고기를 넣고 볶다가 다시물(1)을 넣
는다.

4 뚝배기에 버섯, 떡, 당근, 대파, 양배추를 넣어 한
소끔 끓인다.

궁중떡볶이

READY

갖은 버섯 2줌, 소고기 100g, 가래떡 200g, 양배추 2장, 송송 썬 대파 약간,
당근 · 통깨 약간씩, 참기름 1작은술
고기 양념 간장 2작은술, 설탕 1작은술, 다진 마늘 1/2작은술, 후추 약간
양념 굴소스 · 간장 · 맛술 · 올리고당 1큰술씩, 소금 · 후추 약간씩

HOW TO MAKE

1 소고기는 곱게 채 썰어 고기 양념에 버무린다.
2 오일을 두른 팬에 소고기, 적당한 크기로 자른 당근과 양배추를 넣어
　볶는다.
3 **2**에 가래떡과 버섯을 넣고 함께 볶는다.
4 분량의 양념과 대파를 넣고 볶은 후 참기름과 통깨를 뿌려 마무리한다.

EASY COOKING

PART 05

AND

버섯 간식

버섯네모피자 · 버섯두유파스타 · 아스파라거스 버섯오븐구이

· 만가닥베이컨말이 · 버섯라자냐 · 버섯골뱅이무침 · 버섯쟁반짜장

· 발사믹 버섯바게트 · 버섯카나페 · 버섯소고기김밥

버섯네모피자

동그란 피자가 아니라, 네모난 피자?
한입 크기로 자른 네모난 피자는 먹기에도 좋고, 보기에도 좋아요.
네모난 피자에서 버섯의 향을 가득 느껴보세요.

READY

갖은 버섯 2줌, 또띠아 2장, 블루베리 1줌, 모차렐라 치즈 1/2컵,
고르곤졸라 치즈 약간, 화이트소스 1/3컵(시판용), 바질 약간, 통후추 약간

또띠아가 너무 얇으면 2장을 겹쳐서 사
용하세요. 또띠아 사이에 모차렐라 치즈
를 넣으면 잘 붙는 답니다.

HOW TO MAKE

1 또띠아는 사각형으로 자르고, 화이트소스를 펴 바른다.
2 적당한 크기로 자른 버섯과 블루베리를 올린다.
3 모차렐라 치즈, 고르곤졸라 치즈를 골고루 뿌린다.
4 바질을 얹고 통후추를 굵게 갈아 뿌린 후 180℃의 오븐에서 10분간 굽
  는다.

버섯두유파스타

우유 대신 두유로 만든 담백한 파스타에 버섯으로 향을 더해주었어요.
아이들을 위한 건강한 한끼 식사로 제격이겠지요?

READY

만가닥버섯 2줌, 두유 1컵, 스파게티 1인분, 생크림 1/2컵, 베이컨 2장,
브로콜리 약간, 다진 마늘 · 다진 양파 1큰술씩,
파마산 치즈가루 · 소금 · 후추 · 오일 약간씩

HOW TO MAKE

1 스파게티는 끓는 물에 8분간 삶고, 베이컨은 도톰하게 채 썰고, 버섯
과 브로콜리는 적당한 크기로 자른다.
2 오일을 두른 팬에 다진 마늘과 다진 양파를 넣고 볶다가 버섯, 베이
컨, 브로콜리를 넣어 함께 볶는다.
3 두유와 생크림을 넣고 한소끔 끓인다.
4 스파게티 면을 넣고 볶은 후 파마산 치즈가루, 소금, 후추로 간한다.

아스파라거스 버섯오븐구이

READY

갖은 버섯 2줌, 달걀 노른자 1개분,
아스파라거스 5개, 파마산 치즈가루 3큰술,
파슬리가루 · 소금 · 후추 약간씩, 오일 3큰술

HOW TO MAKE

1 적당한 크기로 자른 버섯과 아스파라거스를 오일, 소금, 후추로 가볍게 버무린다.

2 1을 180℃의 오븐에 넣고 8~10분간 굽는다.

3 구운 버섯과 아스파라거스를 접시에 옮겨 담고 달걀 노른자를 올린다.

4 파마산 치즈가루, 파슬리가루, 후추를 듬뿍 뿌려 낸다.

만가닥베이컨말이

READY

만가닥버섯 3줌, 베이컨 10장, 종종 썬 실파 2큰술,
가츠오부시 약간
양념 간장 · 맛술 · 올리고당 2큰술씩,
굴소스 1/2큰술

HOW TO MAKE

1 베이컨을 절반으로 자른 후 만가닥버섯 2~3개를
  넣고 돌돌 만다.
2 꼬치에 꽂은 후, 오일을 두른 팬에 올려 노릇하게
  굽는다.
3 분량의 양념을 부어 가볍게 조린 후 종종 썬 실파
  와 가츠오부시를 뿌려 낸다.

버섯을 베이컨으로 감싸 돌돌 말아주기만 하면 끝!
간식으로, 반찬으로, 안주로도 손색없는 일석삼조의 요리입니다.

버섯라자냐

층층이 버섯과 감자, 주키니 등으로 가득 채운 라자냐 요리.
건강에 좋은 재료로만 만든 푸짐한 일품요리입니다.
손님을 맞이할 때나 특별한 날을 기념하고 싶을 때 시도해보세요.

READY

라자냐 3장, 새송이버섯 2개, 감자 1/2개, 쥬키니 1개(길이 5cm),
토마토소스 1컵(시판용), 모차렐라 치즈 1컵, 파슬리가루 · 소금 · 후추 · 오일 약간씩
소스 우유 1컵, 버터 2큰술, 밀가루 2큰술, 소금 · 후추 약간씩

HOW TO MAKE

1 오일을 두른 팬에 0.5cm 정도의 두께로 썬 새송이버섯, 감자, 주키니
   를 올려 소금과 후추를 뿌린 후 살짝 굽는다.

2 팬에 버터를 녹인 후 밀가루를 넣고 잘 볶는다. 여기에 우유, 소금, 후
   추를 넣고 끓여 농도를 내 소스를 만든다.

3 오븐용 사각용기에 삶은 라자냐, 소스(2), 새송이버섯, 감자, 주키니,
   토마토소스 순으로 2번 반복하여 담는다.

4 맨 위를 라자냐로 덮은 후 토마토소스와 모차렐라 치즈를 듬뿍 올려
   180℃로 예열된 오븐에서 10분간 굽는다. 마지막으로 파슬리가루와
   후추를 뿌린다.

버섯골뱅이무침

READY

느타리버섯버섯 2줌, 골뱅이 1캔(小), 대파 3대,
소금 약간
양념 고춧가루 3큰술, 식초 · 사과즙 2큰술씩,
참치액젓 1큰술, 설탕 1큰술, 다진마늘 · 참기름 1/2큰술씩

HOW TO MAKE

1 느타리버섯은 적당한 크기로 잘라 끓는 소금물에
   넣어 가볍게 데친 후 물기를 제거한다.
2 대파는 곱게 채 썰어 찬물에 담갔다 뺀 후 물기를
   제거한다.
3 분량의 양념을 섞는다.
4 버섯(1), 골뱅이, 대파(2)를 양념에 가볍게 무친다.

버섯쟁반짜장

READY

갖은 버섯 2줌, 양파 1/3개, 감자 1/2개,
호박 1개(길이 5㎝ 정도), 생면 1인분,
짜장가루 1/3컵(시판용), 오일 약간

HOW TO MAKE

1 버섯, 양파, 감자, 호박은 같은 크기로 사각썰기한다.
2 오일을 두른 팬에 감자, 호박, 양파, 버섯 순으로
  넣고 볶는다.
3 물 1 1/2컵을 붓고 끓이다가 짜장가루를 넣어 걸
  쭉해질 때까지 끓인다.
4 삶은 생면 위에 얹어 낸다.

버섯을 볶을 때 발사믹식초를 넣었더니 향이 더 진해졌어요.
이 향긋하게 볶아진 버섯을 바삭바삭한 바게트 위에 올리고,
치즈를 녹여 간식이나 술안주로 즐겨보세요.

발사믹 버섯바게트

READY

바게트 10쪽, 갖은 버섯 1줌, 다진 마늘 2큰술, 치즈 3장,
아스파라거스 3개, 발사믹식초 3큰술,
올리브오일 · 소금 · 후추 약간씩

HOW TO MAKE

1 올리브오일을 두른 팬에 먼저 다진 마늘을 볶다
가 적당한 크기로 자른 버섯을 넣고, 소금과 후추
로 간한 후 발사믹식초를 넣어 조린다.

2 바게트에 **1**을 올린 후 치즈와 길이 5㎝ 정도로 자
른 아스파라거스를 얹어 180℃의 오븐에서 5분간
노릇하게 굽는다.

버섯카나페

READY

양송이버섯 10개, 다진 새우살 1/2컵,
다진 브로콜리 · 다진 양파 2큰술씩, 치즈 3장,
파슬리가루 · 후추 약간씩

HOW TO MAKE

1 다진 새우살, 다진 브로콜리, 양파는 소금과 후추
  로 간하여 버무린다.
2 양송이버섯은 기둥을 분리한 후 버섯 안에 **1**을 올
  린다.
3 치즈를 버섯 크기에 맞게 자른 후 **2** 위에 올리고
  180℃의 오븐에서 8분간 굽는다.
4 파슬리가루를 뿌려 낸다.

한입 크기의 양송이 버섯이 입 속에 쏙!
파티 음식으로도 간식으로도 안주로도
이보다 좋은 것이 없답니다.
보기에도 좋고 맛도 좋은 버섯카나페입니다.

버섯소고기김밥

김밥엔 꼭 단무지, 햄, 맛살, 달걀이 들어가야 하나요?
색다르게 버섯과 열무김치를 넣어보는 건 어떤가요?
쫄깃한 식감이 김밥을 더욱 맛있고 건강하게 즐길 수 있게 해준답니다.

READY

백만송이버섯 1줌, 밥 1공기, 김 2장, 깻잎 4장, 소고기 다짐육 50g,
열무김치 1/2컵, 당근채 1컵, 오일 · 소금 · 후추 약간씩
열무양념 참기름 2작은술, 설탕 1작은술
쌈장 된장 · 고추장 1큰술씩,
설탕 · 참기름 · 다진 마늘 1작은술씩, 통깨 약간
밥 양념 참기름 2작은술, 소금 · 통깨 약간씩

HOW TO MAKE

1 소고기 다짐육은 소금과 후추로 간하여 볶고, 열무김치는 가볍게 씻은
  후 물기를 제거하여 열무양념에 버무린다.
2 오일을 두른 팬에 당근과 백만송이버섯을 각각 소금으로 간하여 부드
  럽게 볶는다.
3 분량의 쌈장 재료는 섞어두고 밥은 따뜻할 때 양념을 넣고 버무린다.
4 김 위에 밥을 최대한 얇게 깔고 쌈장, 소고기, 열무김치, 백만송이버
  섯, 당근을 올려 돌돌만 다음 한입 크기로 자른다.

RECIPE
CARD

이렇게 활용하세요

- 절취선을 따라 한 장씩 오린 뒤 요리할 때 편리하게 사용하세요.
- 카드 앞면에는 요리 완성 사진, 뒷면에는 재료와 과정 설명이 들어있어요.
- 카드 상단에 주재료들이 표시되어 있어 알아보기 쉬워요.
- 책이 구겨지거나 또는 주방에서 보다가 물에 젖는 참사를 막으려면 레시피 카드를 100% 활용하세요. 냉장고나 싱크대, 찬장 등 눈에 잘 띄는 곳에 붙일 수도 있답니다.

팽이버섯전
버섯튀김
버섯솥밥
새송이버터구이

버섯튀김

READY

갖은 버섯 3줌, 전분가루 2컵, 달걀물 1개분, 밀가루 약간, 오일 2컵
녹차소금 소금 1큰술, 녹차가루 1/2작은술, 후추 약간

HOW TO MAKE

1 갖은 버섯은 각각 손질한 후 한입 크기로 자른다.
2 전분가루와 물 2컵을 섞어 실온에 2시간 이상 둔 후에 뒤 윗물을 따라내 버린다.
3 **2**에 달걀물을 조금씩 넣어가며 부드러워지도록 반죽을 한다.
4 미리 손질해둔 버섯에 밀가루를 가볍게 묻힌 후 튀김옷**(3)** 을 입힌다. 이를 180℃의 오일에 넣고 노릇하게 튀긴다.
5 분량의 녹차소금을 만들어 곁들여 낸다.

COOK TIP

튀김은 간장 대신 소금과 녹차를 믹서에 곱게 갈아 섞은 것을 곁들인 다면 더욱 담백한 버섯의 맛을 느낄 수 있습니다. 또한 전분가루 대신 튀김가루를 사용하면 더욱 편리하게 요리할 수 있답니다.

팽이버섯전

READY

팽이버섯 1봉지, 밀가루 1/2컵, 청양고추 2개, 오일 · 소금 약간씩

HOW TO MAKE

1 팽이버섯은 밑동을 자르고 청양고추는 링으로 썬다.
2 밀가루는 소금으로 간하고 물로 반죽(올리고당 정도의 농도)한다.
3 오일을 두른 팬 위에 팽이버섯을 넓게 편 후 밀가루 반 죽**(2)**을 조금씩 부어가며 버섯을 하나로 연결한다.
4 청양고추를 위에 얹고 앞뒤를 노릇하게 굽는다.

새송이버터구이

READY

새송이버섯 3개, 버터 1큰술, 소금 · 후추 약간씩
빵가루 토핑 빵가루 3큰술, 파슬리 가루 · 버터 1작은술씩, 파마산 치즈가루 1/2큰술

HOW TO MAKE

1 새송이버섯은 도톰하게 편 썬다.
2 달군 팬에 버터를 녹인 후 새송이버섯을 올리고, 소금 과 후추로 간하며 노릇하게 굽는다.
3 팬에 분량의 빵가루 토핑을 넣고 약한 불에서 노릇하게 볶는다.
4 구운 새송이버섯**(2)** 위에 빵가루 토핑을 뿌린다.

버섯솥밥

READY

송이버섯 2개, 불린 쌀 2/3컵, 참기름 1큰술, 다시마 1장(사방 5cm)

HOW TO MAKE

1 송이버섯은 길이 방향으로 편 썬다.
2 솥에 참기름을 두른 후 불린 쌀을 넣고 볶는다.
3 쌀이 투명해지면 그 위에 송이버섯을 얹고 물을 쌀 높이 와 동일하게 부어준다.
4 마지막으로 다시마를 올리고 밥을 짓는다.

표고전

버섯장아찌

만가닥버섯볶음

팽이버섯고추장무침

버섯장아찌

READY

만가닥버섯 3줌, 청양고추 2개, 홍고추 1개, 통후추 10알
장아찌물 간장 · 물 1/2컵씩, 식초 · 설탕 1/4컵씩

HOW TO MAKE

1 만가닥버섯은 밑동을 손질해 저장용기에 담는다.
2 여기에 링으로 썬 청양고추와 홍고추, 통후추를 얹는다.
3 분량의 장아찌물을 한소끔 끓인 후 식힌다.
4 만가닥버섯(1) 위에 장아찌물(3)을 붓고 이틀간 냉장보
　관한 후 먹는다.

표고전

READY

표고버섯 10개, 밀가루 약간, 달걀 2개, 소금 · 오일 약간씩

HOW TO MAKE

1 표고버섯은 기둥을 자르고 손질해둔다.
2 손질한 표고버섯에 밀가루를 가볍게 묻힌 후 소금간을
　한 달걀물을 입힌다.
3 오일을 두른 팬에 올려 노릇하게 부친다.

팽이버섯고추장무침

READY

팽이버섯 1봉지, 종종 썬 실파 3큰술, 통깨 약간
양념 고추장 1큰술, 식초 1/2큰술, 설탕 1작은술,
연겨자 약간

HOW TO MAKE

1 팽이버섯은 밑동을 잘라 손질한다.
2 분량의 양념을 섞은 다음 먹기 직전에 넣어 버섯을 무
　친다.
3 종종 썬 실파와 통깨를 뿌린다.

만가닥버섯볶음

READY

만가닥버섯 3줌, 양파 1/2개, 종종 썬 실파 1큰술,
다진 마늘 2작은술,
굴소스 1큰술, 설탕 1작은술, 소금 · 후추 · 오일 약간씩

HOW TO MAKE

1 만가닥버섯은 밑동을 손질하고 양파는 채 썬다.
2 오일을 두른 팬에 다진 마늘을 넣고 향을 낸 후 양파를
　넣어 볶는다.
3 만가닥버섯을 넣고 재빨리 볶은 후 굴소스, 설탕, 소금,
　후추로 간한다.
4 종종 썬 실파를 뿌린다.

들깨소스버섯

양송이수프

느타리버섯김치밥

김치버섯국

양송이수프

READY

양송이버섯 7~8개, 생크림 1/2컵, 우유 1컵,
파마산 치즈가루 2큰술, 다진 마늘 · 버터 1큰술씩,
다진 양파 3큰술, 소금 · 후추 약간씩

HOW TO MAKE

1 다진 양파와 다진 마늘을 버터에 볶아 향을 낸다.
2 여기에 편으로 썬 양송이버섯을 넣어 함께 볶는다.
3 생크림과 우유를 붓고 끓인다.
4 핸드블랜더로 곱게 간 후 소금, 후추, 파마산 치즈가루
  로 간한다.

들깨소스버섯

READY

느타리버섯 3줌, 종종 썬 실파 약간
양념 들기름 2큰술, 국간장 · 다진 마늘 1작은술씩,
들깨가루 3큰술, 소금 약간

HOW TO MAKE

1 느타리버섯은 길이 방향으로 2등분 한 후 끓는 물에 가
  볍게 데친다.
2 데친 버섯은 찬물에 헹구지 않고 물기를 바로 짠 후 분
  량의 양념을 넣어 무친다.
3 실파를 뿌려 낸다.

김치버섯국

READY

느타리버섯 2줌, 김치 1/4포기, 김치 국물 5큰술,
다시마 1장(사방 5cm), 멸치 1/2줌, 다진 마늘 1작은술,
국간장 1/2큰술, 대파 1대, 소금 · 후추 약간씩

HOW TO MAKE

1 김치는 한입 크기로 자르고 느타리버섯은 2등분, 대파
  는 어슷썬다.
2 물 4컵에 멸치, 다시마, 김치를 넣고 10분간 끓인 후 멸
  치와 다시마만 건져 낸다.
3 김치 국물과 버섯을 넣고 한소끔 끓이다가 다진 마늘,
  국간장, 소금, 후추로 간한다.

느타리버섯김치밥

READY

느타리버섯 1줌, 종종 썬 김치 1/2컵, 불린 쌀 1/2컵,
다시마 1장(사방 5cm)
양념 간장 · 맛술 1큰술씩, 설탕 · 통깨 · 고춧가루 1작은술씩,
다진 마늘 1/2작은술

HOW TO MAKE

1 느타리버섯은 길이 방향으로 2등분한다.
2 솥에 종종 썬 김치를 깔고 그 위에 불린 쌀을 올린다.
3 느타리버섯과 다시마를 올린다.
4 물을 쌀 높이에 맞춰 붓고 밥을 지은 후 분량의 양념을
  섞어 함께 곁들여 낸다.

김치버섯초회

중국식 버섯소고기덮밥

버섯들깨탕

새송이소고기구이

중국식 버섯소고기덮밥

READY

목이버섯 6개, 소고기 등심 50g, 밥 1공기, 양파 1/4개, 마늘 2톨, 대파 1/2대, 마른 고추 1개, 맛술 1큰술, 오일 · 참기름 약간씩
소고기 양념 간장 2작은술, 설탕 · 참기름 1작은술씩, 후추 약간
소스 간장 · 올리고당 1큰술씩, 굴소스 2작은술, 후추 약간

HOW TO MAKE

1 목이버섯은 따뜻한 물에 불린 뒤 물기를 제거해두고 양파, 마늘, 대파, 마른 고추는 곱게 채 썬다.
2 소고기는 얇게 채 썰어 소고기 양념에 무친다.
3 오일을 두른 팬에 마늘, 대파, 마른 고추를 넣고 볶아 향을 낸 뒤 맛술을 넣는다.
4 여기에 소고기와 양파를 넣고 볶다가 소고기가 익으면 목이버섯을 넣는다.
5 분량의 소스를 넣어 재빨리 볶은 뒤 밥 위에 올리고 참기름을 뿌려 낸다.

김치버섯초회

READY

느타리버섯 2줌, 종종 썬 김치 1컵, 깻잎 5장, 통깨 약간
양념 고추장 2큰술, 맛술 · 식초 1큰술씩, 설탕 2작은술, 다진 마늘 · 참기름 1작은술씩

HOW TO MAKE

1 느타리버섯은 길이 방향으로 2등분하고 끓는 물에 살짝 데친 후 물기를 제거한다.
2 분량의 양념을 섞고 깻잎은 곱게 채 썬다.
3 버섯과 김치에 양념을 넣고 가볍게 무친 뒤 채 썬 깻잎과 통깨를 올린다.

새송이소고기구이

READY

새송이버섯 3개, 소고기 등심 200g, 실파 5대, 오일 · 소금 · 후추 약간씩
소스 간장 · 식초 1큰술씩, 오일 · 다진 양파 2큰술씩, 설탕 1/2큰술, 후추 약간

HOW TO MAKE

1 새송이버섯과 소고기는 도톰하게 편 썰고, 실파는 5㎝ 길이로 자른다.
2 오일을 두른 팬에 새송이버섯, 소고기 순으로 올려 노릇하게 굽는다.
3 분량의 소스를 섞는다.
4 새송이버섯, 소고기, 실파를 번갈아 놓은 후 소스를 얹어 낸다.

버섯들깨탕

READY

표고버섯 2개, 목이버섯 10개, 소고기(불고기감) 200g, 풋고추 · 홍고추 1개씩, 국간장 2작은술, 다진 마늘 1작은술, 들깨가루 5큰술, 참기름 · 소금 · 후추 약간씩
멸치맛국물 멸치 1/2줌, 다시마 1장(사방 10㎝), 물 4컵

HOW TO MAKE

1 표고버섯은 편 썰고, 목이버섯은 따뜻한 물에 불린 후 물기를 제거해둔다.
2 분량의 멸치맛국물을 10분간 끓인 후 멸치와 다시마를 건져 낸다.
3 뚝배기에 참기름을 두른 뒤 다진 마늘과 소고기를 넣고 볶는다.
4 소고기가 익으면 준비해둔 표고버섯과 목이버섯을 넣고 함께 볶다가 맛국물(2)을 부어 한소끔 끓인 후에 들깨가루를 넣는다.
5 국간장, 소금, 후추로 간한 뒤 링 썬 고추를 얹어 낸다.

버섯두부덮밥

매운 버섯두부전골

버섯두부전

간장맛 버섯볶음밥

매운 버섯두부전골

READY

느타리버섯 2줌, 팽이버섯 1/4봉지, 두부 1/4모, 양파 1/2개, 대파
1대, 쑥갓 1줌, 멸치 1/2줌, 다시마 1개(사방 5㎝), 소금 약간
양념 고춧가루 · 맛술 2큰술씩, 다진 마늘 · 국간장 1작은술씩,
고추장 2작은술

HOW TO MAKE

1 느타리버섯은 한 송이씩 떼고, 팽이버섯은 밑동을 제거
   한다.
2 두부는 한입 크기로 자르고 양파는 채썰기, 대파는 어
   슷썰기한다.
3 물 4컵에 멸치와 다시마를 넣고 10분간 끓인 후 건진다.
4 육수(3)에 양념을 넣고 한소끔 끓인 후 준비한 양파, 느
   타리버섯, 두부를 넣는다.
5 마지막으로 쑥갓, 대파, 팽이버섯을 넣고 소금으로 나
   머지 간을 한다.

버섯두부덮밥

READY

만가닥버섯 1줌, 두부 1/4모, 밥 1공기, 양파 1/4개,
홍고추 1개, 물전분 1큰술, 다진 마늘 · 오일 약간씩
양념 굴소스 1큰술, 설탕 1/2큰술, 맛술 2큰술, 후추 약간

HOW TO MAKE

1 만가닥버섯은 한 송이씩 떼고 양파와 홍고추는 채 썬다.
2 두부는 1㎝ 두께로 사각썰기한 후 노릇하게 굽는다.
3 오일을 두른 팬에 먼저 다진 마늘을 볶다가 양파, 버섯
   을 넣어 볶는다.
4 양념을 넣어 함께 볶다가 물 1/2컵을 넣은 후 한소끔 끓
   인다.
5 물전분으로 농도를 내고 구워둔 두부(2)를 넣어 가볍게
   섞은 후 밥 위에 얹어 낸다.

COOK TIP

물전분은 『물 : 전분가루(감자, 고구마, 옥수수) = 1 : 1』로 섞은 것을
말합니다. 센 불에서 농도를 봐가며 물전분을 조금씩 넣고 재빨리 섞
어 주어야 깔끔하게 완성되지요.

간장맛 버섯볶음밥

READY

새송이버섯(小) 1줌, 카테일 새우 1/2컵, 밥 1공기,
다진 양파 3큰술, 간장 1큰술, 참기름 1작은술,
종종 썬 실파 1큰술, 오일 · 소금 · 후추 약간씩

HOW TO MAKE

1 새송이버섯은 2등분한다.
2 오일을 두른 팬에 다진 양파, 새송이버섯, 새우를 넣고
   함께 볶은 후 밥을 넣는다.
3 간장을 넣어 재빨리 볶은 후 소금과 후추로 나머지 간
   을 한다.
4 종종 썬 실파를 얹어 낸다.

버섯두부전

READY

표고버섯 15개, 두부 1/2모, 양파 1/4개, 종종 썬 실파 3큰술,
달걀 2개, 밀가루 1/2컵, 오일 · 소금 · 후추 약간씩

HOW TO MAKE

1 칼등으로 곱게 으깬 두부와 다진 양파, 실파를 섞고 소
   금, 후추로 간을 한 뒤 버무린다.
2 표고버섯은 밑동을 자르고 안쪽 부분에 밀가루를 가볍
   게 묻힌다.
3 표고버섯 안에 **1**을 채운다.
4 밀가루, 달걀물 순으로 옷을 입히고 오일을 두른 팬에
   올려 노릇하게 부친다.

COOK TIP

두부는 위에 도마를 얹어 살짝 눌러 물기를 빼거나 으깬 두부를 젖은
면보에 감싸 물기를 짠 후 사용하세요.

새송이새우버터볶음

새우완자탕

버섯날치알초밥

버섯달걀탕

새우완자탕

READY

마른 표고버섯 3개, 불린 목이버섯 5개, 새우 중하 10마리, 양파 1/4개, 실파 3대, 국간장 2작은술, 다시마 1장(사방 5㎝), 전분가루 3큰술, 물전분 2큰술, 다진 마늘 1작은술, 실파 3대, 소금 약간

HOW TO MAKE

1 마른 표고버섯은 물에 불린 후 물기를 제거하고, 새우는 껍질을 제거한 후 함께 곱게 다진다. 여기에 소금, 전분가루를 넣어 되직하게 반죽한다. **2** 물 3컵에 다시마를 넣고 10분간 끓인 후 건져 낸다. **3** 불린 목이버섯, 채 썬 양파와 새우 반죽을 숟가락으로 조금씩 덜어 **2**에 넣고 한소끔 끓인다. **4** 국간장과 소금으로 간하고 물전분으로 농도를 낸 후 4㎝ 길이로 자른 실파를 넣는다.

COOK TIP

- **마른 표고버섯 불리기**
  표고버섯이 잠길 정도로 물을 붓고, 설탕 1작은술을 넣은 후 전자 렌지에서 3분 이상 돌려주세요.
- 물전분은 『물 : 전분가루(감자, 고구마, 옥수수) = 1 : 1』로 섞은 것을 말합니다. 센 불에서 농도를 봐가며 물전분을 조금씩 넣고 재빨리 섞어 주어야 깔끔하게 완성되지요.

새송이새우버터볶음

READY

새송이버섯(小) 2줌, 새우 중하 10개, 잣 2큰술, 버터 1큰술, 소금 · 후추 약간씩

HOW TO MAKE

1 새우는 껍질을 제거하고 잣은 곱게 다져둔다.
2 버터를 녹인 팬에 버섯과 새우를 올리고, 소금과 후추로 간하여 굽듯이 볶아준다.
3 버섯과 새우 위에 잣가루를 뿌려 낸다.

버섯달걀탕

READY

표고버섯 2개, 백만송이버섯 1줌, 달걀 1개, 날지일 3큰술, 실파 2대, 물전분 1큰술, 멸치 1/2줌, 다시마 1장(사방 5㎝), 가츠오부시 1줌, 국간장 1/2큰술, 소금 · 후추 약간씩

HOW TO MAKE

1 각각의 버섯은 밑동을 잘라 손질하고, 달걀은 풀어서 준비해둔다. **2** 물 4컵에 멸치와 다시마를 넣고 10분간 끓인 후 건져 낸다. 불을 끄고 가츠오부시를 넣는다. **3** 10분 후에 체에 걸러 가츠오부시는 버리고, 여기에 버섯을 넣고 끓인다. **4** 곱게 풀어둔 달걀을 부어 익힌 후 국간장, 소금, 후추로 간한다. **5** 물전분을 넣어 농도를 내고 날치알과 3㎝로 길이로 자른 실파를 얹어 낸다.

COOK TIP

물전분은 『물 : 전분가루(감자, 고구마, 옥수수) = 1 : 1』로 섞은 것을 말합니다. 센 불에서 농도를 봐가며 물전분을 조금씩 넣고 재빨리 섞어 주어야 깔끔하게 완성되지요.

버섯날치알초밥

READY

표고버섯 3개, 밥 1공기, 날치알 5큰술, 무순 약간, 후리가케 2큰술
배합초 식초 5큰술, 설탕 4큰술, 소금 약간, 다시마 1장(사방 5㎝)
버섯양념 간장 1작은술, 맛술 1큰술

HOW TO MAKE

1 표고버섯은 편 썰기한 후 분량의 버섯양념과 섞어 가볍게 볶는다.
2 배합초 재료를 냄비에 넣고 설탕과 소금이 녹을 때까지 끓인 후 식힌다. 따뜻한 밥에 배합초 2큰술을 넣고 섞는다.
3 밥, 표고버섯, 날치알, 후리가케을 넣고 섞는다.
4 그릇에 **3**을 담은 후 날치알, 표고버섯, 무순을 얹어 장식한다.

날치알표고무침
버섯리소토
버섯스튜
버섯칠절판

버섯리소토

READY

백만송이버섯 1줌, 다진 양파 3큰술, 다진 감자 3큰술,
다진 마늘 1큰술, 밥 2/3공기, 생크림 1/2컵, 우유 1/2컵,
모짜렐라 치즈 약간, 파마산 치즈가루 1큰술,
오일 · 소금 · 후추 약간씩

HOW TO MAKE

1 버섯은 적당한 크기로 잘라두고, 오일을 두른 팬에 다
진 마늘을 볶아 향을 낸 후에 양파와 감자, 버섯을 넣어
함께 볶는다.
2 밥을 넣어 함께 볶는다.
3 생크림과 우유를 붓고 끓인 후 소금, 후추, 파마산 치즈
가루로 간한다.
4 소스를 조린 후 모짜렐라 치즈를 올려 낸다.

날치알표고무침

READY

표고버섯 10개, 날치알 5큰술, 양파 1/2개,
종종 썬 실파 2큰술, 참기름 · 맛술 1큰술씩, 폰즈 2큰술, 통깨
1작은술, 소금 · 후추 약간씩

HOW TO MAKE

1 표고버섯은 얇게 편썰기하여 끓는 물에 가볍게 데친 후
물기를 제거한다.
2 양파도 곱게 채썰기 한다.
3 표고버섯, 양파, 날치알에 참기름, 맛술, 폰즈, 소금, 후
추, 통깨를 넣어 가볍게 무치고 종종 썬 실파를 얹어 낸
다.

버섯칠절판

READY

백만송이버섯 1줌, 표고버섯 5개, 느타리버섯 1줌,
오이 1/2개, 달걀 2개, 당근 1/2개, 밀가루 1컵,
소금 · 후추 · 오일 약간씩
겨자소스 간장 1큰술, 물 1큰술, 설탕 1작은술, 겨자 약간

HOW TO MAKE

1 각각의 버섯은 적당한 크기로 자르고, 오이는 돌려깎기
한 후 곱게 채 썬다.
2 달걀은 지단을 부친 후 채 썰고, 당근도 곱게 채 썬다.
3 밀가루는 소금으로 간하여 물로 반죽을 한 후 동그랗고
얇게 부친다.
4 잘라둔 버섯, 당근, 오이는 소금 간하여 각각 볶아둔다.
5 그릇에 밀전병(3)과 버섯, 당근, 오이, 달걀을 차례로 나
열한 후 겨자소스를 섞어 곁들여 낸다.

버섯스튜

READY

양송이버섯 5개, 느타리버섯 1줌, 토마토 홀 1컵,
양파 1개, 대파 1대, 당근 1/2개, 소금 · 후추 약간씩,
치킨스톡 1/2작은술

HOW TO MAKE

1 양파는 2등분하고 당근와 대파는 4등분한다.
2 물 4컵에 양파 1/2개, 당근 1/4개, 대파를 넣고 충분히
익도록 푹 끓인 후 건져 낸다.
3 남은 양파와 당근, 버섯을 먹기 좋은 크기로 자른다.
4 **2**에 토마토 홀을 으깨 넣은 후 **3**을 넣고 끓인다.
5 치킨스톡, 소금, 후추로 간한다.

버섯수제비

노루궁뎅이버섯을 얹은
크램차우더

뜨거운 버섯조개샐러드

일본식 버섯당면덮밥

노루궁뎅이버섯을 얹은 크램차우더

READY

노루궁뎅이버섯 1팩, 바지락 200g, 감자 1개, 밀가루 1큰술,
다진 양파 3큰술, 버터 1큰술, 우유 1컵, 생크림 1컵,
파마산 치즈가루 3큰술, 오일 · 소금 · 후추 약간씩

HOW TO MAKE

1 감자를 얇게 편 썰고, 오일을 두른 팬에 다진 양파와 감자를 넣은 후 볶는다.
2 버터를 녹인 냄비에 밀가루를 넣어 볶다가 우유와 생크림을 붓고 끓인다.
3 여기에 **1**을 넣고 끓인 후 바로 믹서에 옮겨 곱게 간다. 핸드블랜더로 냄비에 있는 그대로 으깨도 상관없다.
4 **3**에 바지락을 넣고 끓인 후 파마산 치즈가루와 소금, 후추로 간한다.
6 오일을 두른 팬에 노루궁뎅이버섯을 올리고 소금 간하여 노릇하게 구운 후 크램차우더 위에 올린다.

버섯수제비

READY

갖은 버섯 1줌, 바지락 100g, 양파 1/4개, 감자 1/3개, 수제비
반죽 1인분, 멸치 1/2줌, 다시마 1장(사방 5cm), 국간장 1큰술,
다진 마늘 · 소금 · 후추 약간씩

HOW TO MAKE

1 감자는 반달 형태로 썰고, 양파 굵게 채 썬다.
2 물 3컵에 바지락, 다시마, 멸치를 넣고 10분간 끓인 후 다시마와 멸치만 건져 낸다.
3 양파와 감자를 넣고 한소끔 끓인 후 수제비 반죽을 잘라 넣는다.
4 국간장과 다진 마늘로 간하고 버섯을 넣어 한소끔 끓인다.
5 소금과 후추로 나머지 간을 맞춘다.

일본식 버섯당면덮밥

READY

느타리버섯 1줌, 팽이버섯, 양파 1/4개, 당근 1/8개, 당면 50g,
밥 2/3공기, 달걀물 1개분, 대파 1대, 다진 마늘 1작은술,
오일 · 참기름 · 소금 · 후추 약간씩,
맛국물 다시물 1컵, 간장 · 맛술 · 설탕 1큰술씩

HOW TO MAKE

1 오일을 두른 팬에 다진 마늘과 적당한 크기로 자른 양파와 당근을 넣고 볶는다.
2 분량의 맛국물 재료를 넣어 한소끔 끓인다.
3 당면은 따뜻한 물에 10분간 담가 부드럽게 불린 후 버섯과 함께 **2**에 넣어 끓인다.
4 소금, 후추로 나머지 간을 하고 국물이 반으로 졸면 달걀물을 부어가며 모양을 잡는다.
5 참기름과 송송 썬 대파를 넣은 후 밥 위에 올린다.

뜨거운 버섯조개샐러드

READY

갖은 버섯 2줌, 루꼴라 2줌, 가리비실 200g, 감자 1개,
파슬리 가루 · 파마산 치즈가루 약간씩, 오일 · 소금 · 후추 약간씩,
드레싱 오일 1/4컵, 마늘 1톨(편 썰기), 간장 2작은술,
소금 · 후추 약간씩

HOW TO MAKE

1 감자는 반달 형태로 썰어 파마산 치즈가루, 파슬리가루, 오일, 소금, 후추로 버무린다.
2 가리비살은 오일, 소금, 후추로 버무린다.
3 오일과 소금에 버무린 버섯과 함께 가리비살, 감자를 180℃ 오븐에 넣어 15~20분간 굽는다.
4 분량의 드레싱을 한소끔 끓인 후 루꼴라, 가리비, 감자, 버섯 위에 뿌린다.

맑은 버섯전골
버섯잡채
버섯닭고기영양죽
버섯을 듬뿍 넣은 커리

버섯잡채

READY

갖은 버섯 3줌, 당면 200g, 양파 1/2개, 당근 1/6개,
시금치 1/2단, 참기름 · 소금 약간씩
양념 간장 3큰술, 설탕 · 참기름 2큰술씩, 소금 · 후추 · 통깨 약간씩

HOW TO MAKE

1 버섯은 길쭉하게 자르고 양파와 당근은 곱게 채 썬다.
2 오일을 두른 팬에 버섯, 양파, 당근을 각각 소금 간하여
  볶아둔다.
3 시금치는 끓는 물에 살짝 데쳐 소금과 참기름으로 가볍
  게 무친다.
4 끓는 물에 당면을 삶은 후 버섯, 양파, 당근, 시금치를
  넣고 분량의 양념으로 무친다.

COOK TIP

당면은 삶은 후 찬물에 헹구지 말고 바로 사용하세요. 뜨거울 때 버
무려야 양념이 잘 밴답니다.

맑은 버섯전골

READY

갖은 버섯 2줌, 당면 50g, 양파 1/4개, 청경채 2개, 배추 3장,
무 1토막(약 3cm), 대파 1대, 멸치 1/2줌, 다시마 1장(사방 5cm),
다진 마늘 1작은술, 국간장 1/2큰술, 소금 · 후추 약간씩
깨소스 땅콩버터 1큰술, 간장 · 식초 · 맛술 · 설탕 1/2큰술씩,
참깨 · 다진 마늘 1/2작은술씩

HOW TO MAKE

1 버섯, 양파, 청경채, 배추, 무는 적당한 크기로 자르고,
  당면은 뜨거운 물에 10분 정도 담가 불린다.
2 물 4컵에 멸치와 다시마, 무를 넣고 10분간 끓인 후 멸
  치와 다시마만 건져 낸다.
3 2에 양파와 버섯, 배추를 넣고 한소끔 끓인 후 청경채와
  당면을 넣는다.
4 국간장, 다진 마늘, 소금, 후추로 간을 한 후 어슷썰기
  한 대파를 넣는다.
5 분량의 깨소스를 섞어 곁들여 낸다.

버섯을 듬뿍 넣은 커리

READY

갖은 버섯 2줌, 닭고기 안심 4장, 양파 1/2개, 당근 1/6개,
브로콜리 1/2줌, 시판용 갈색 커리 1/2컵, 우유 1/2컵,
오일 약간

HOW TO MAKE

1 양파, 당근, 브로콜리, 닭고기 안심, 버섯은 한입 크기로
  자른다.
2 오일을 두른 팬에 양파를 넣고 갈색이 날 때까지 볶다
  가 당근, 닭고기, 브로콜리, 버섯 순으로 넣어가며 함께
  볶아준다.
3 물 2컵과 우유를 부어 한소끔 끓인 후 갈색 커리를 넣어
  농도를 낸다.

버섯닭고기영양죽

READY

표고버섯 1개, 닭가슴살 1/2개, 불린 쌀 1/3컵,
당근 · 브로콜리 약간씩, 다시마 1장(사방 5cm),
참기름 1큰술, 소금 약간

HOW TO MAKE

1 표고버섯, 당근, 브로콜리는 입자감이 살도록 다져둔다.
2 물 2 1/2컵에 닭가슴살과 다시마를 넣어 10분 정도 끓인
  후 다시마와 닭가슴살을 건져내고, 닭가슴살은 곱게 다져
  둔다. 3 참기름을 두른 뚝배기에 불린 쌀을 넣고 투명해질
  때까지 볶는다. 4 표고버섯, 다진 닭가슴살, 당근, 브로콜
  리를 넣고 함께 볶는다. 5 볶는 중간 닭고기 육수(2)를 넣
  어가며 밥이 잘 퍼지도록 한다. 약간의 소금으로 간한다.

COOK TIP

과정 3에서 쌀이 뚝배기에 눌러 붙지 않도록 중간중간 닭고기 육수
를 넣어 가며 볶아주세요.

표고맛 치킨구이
미소국밥
연포탕
낙지볼튀김

미소국밥

READY

만가닥버섯 2줌, 낙지 1마리, 찬밥 2/3공기, 다진 양파 3큰술,
미소 된장 1 1/2큰술, 곱게 간 고춧가루 1작은술,
종종 썬 실파 1큰술, 다진 마늘 1작은술, 김 약간
가츠오부시 육수 다시마 1장(사방 5㎝), 가츠오부시 1줌,
표고버섯 밑동 3개

HOW TO MAKE

1 낙지는 2㎝ 길이로 자르고, 만가닥버섯은 송이송이 떼어 낸다.
2 물 4컵에 다시마와 표고버섯 밑동을 넣어 10분간 끓인 후, 불을 끄고 가츠오부시를 10분간 넣어둔다. 체에 한 번 걸러 가츠오부시 육수를 만든다.
3 육수에 찬밥과 다진 양파를 넣고 끓이다가 낙지, 만가닥버섯, 미소 된장, 고춧가루를 넣어 한 번 더 끓인다.
4 다진 마늘과 소금으로 간을 한 후 실파와 가늘게 썬 김을 얹어 낸다.

표고맛 치킨구이

READY

닭고기 안심 10장, 파마산 치즈가루 2큰술, 화이트와인 2큰술,
빵가루 1/4컵, 다진 파슬리 1큰술, 오일 · 소금 · 후추 약간씩
표고소스 표고버섯 3장, 양송이버섯 3장, 양파 1/4개,
블랙올리브 5개, 마늘 2톨, 오일 5큰술

HOW TO MAKE

1 닭고기 안심을 칼등으로 두드린 후 소금, 후추, 화이트와인으로 밑간하여 꼬치에 꽂는다.
2 분량의 표고소스 재료를 블랜더에 넣고 곱게 간다.
3 오일을 두른 팬에 **2**를 올려 수분이 없어질 때까지 볶은 후 빵가루, 파마산 치즈가루, 파슬리를 넣고 소금과 후추로 간한다.
4 닭고기 안심에 **3**을 꼼꼼히 바르고 200℃의 오븐에서 10~15분간 굽는다.

낙지볼튀김

READY

갖은 버섯 1줌, 낙지 1마리, 감자 2개, 밀가루 1/2컵, 빵가루 2컵,
달걀물 1개분, 오일 2컵, 소금 · 후추 약간씩

HOW TO MAKE

1 감자는 삶아서 거칠게 으깨고, 낙지와 버섯은 입자감이 살도록 다져둔다.
2 볼에 **1**을 넣고 소금과 후추로 간을 하여 한데 섞는다.
3 지름 3cm 정도 되는 크기로 동그란 볼 모양을 만든다.
4 밀가루, 달걀물, 빵가루 순으로 튀김옷을 입히고 180℃의 오일에서 노릇하게 튀긴다.

연포탕

READY

갖은 버섯 2줌, 낙지 2마리, 배추 3장, 무 1토막(두께 3cm),
쑥갓 1줌, 양파 1/2개, 멸치 1/2줌, 다시마 2장(사방 5㎝),
국간장 1/2큰술, 다진 마늘 2작은술, 대파 1대, 소금 · 후추 약간씩

HOW TO MAKE

1 버섯은 적당한 크기로 자르고, 낙지는 깨끗이 손질한다.
2 무는 4등분, 양파는 2등분 하고, 쑥갓은 5㎝ 길이로 자른다. 3 물 5컵에 멸치, 다시마, 배추, 무, 양파를 넣고 10분간 끓인 후 멸치와 다시마만 건져 낸다. 4 무, 양파, 배추가 투명해질 때까지 끓인 후 무와 양파는 건져 내고 버섯과 낙지를 넣어서 한 번 더 끓인다. 5 국간장, 소금, 후추, 다진 마늘로 간을 한 후 쑥갓을 올려 마무리한다.

COOK TIP

육수를 낸 무와 배추, 양파는 한입 크기로 잘라 다시 국물에 넣어도 좋답니다. 낙지는 밀가루로 문질러 씻어주세요.

버섯양배추비빔밥
차돌버섯된장찌개
버섯소스스테이크
상하이 버섯파스타

차돌버섯된장찌개

READY

갖은 버섯 2줌, 차돌박이 100g, 호박 1개(길이 5㎝ 정도),
양파 1/4개, 대파 1대, 청양고추 1개, 된장 2큰술,
다진 마늘 1작은술, 국간장 2작은술, 멸치 1/2줌,
다시마 1장(사방 5㎝)

HOW TO MAKE

1 버섯은 한입 크기로 자르고, 호박은 반달썰기, 양파는
　굵직하게 채 썰기, 청양고추와 대파는 링 썰기한다.
2 물 3컵에 멸치와 다시마를 넣고 10분간 끓인 후 모두 건
　져 낸다.
3 2에 된장을 풀고 차돌박이, 호박, 양파, 버섯을 넣어 한
　소끔 끓인다.
4 다진 마늘과 국간장으로 간을 한 후 대파와 청양고추를
　넣는다.

버섯양배추비빔밥

READY

갖은 버섯 1줌, 다진 소고기 50g, 양배추 2장, 치커리 2장,
밥 1공기, 참기름 약간
양념 고추장 1큰술, 올리고당 2작은술, 참기름 1작은술,
물 2큰술, 통깨 약간

HOW TO MAKE

1 버섯은 알맞은 크기로 자르고, 양배추는 곱게 채썰고,
　치커리는 한입 크기로 자른다.
2 오일을 두른 팬에 소고기를 넣고 볶다가 분량의 양념을
　부어 함께 볶는다.
3 참기름을 두른 팬에 버섯과 양배추 각각을 소금 간하여
　살짝 볶은 후, 치커리와 함께 밥 위에 얹는다.
4 볶은 고추장(2)을 얹어 낸다.

상하이 버섯파스타

READY

새송이버섯 1줌, 스파게티면 1인분, 칵테일 새우 1컵,
양배추 3장, 다진 마늘 1큰술, 다진 양파 2큰술,
대파 1/2대(흰 부분), 소금 · 후추 약간씩, 고추씨오일 1큰술
양념 굴소스 · 허브시즈닝 1/2큰술씩, 올리고당 · 간장 2큰술씩

HOW TO MAKE

1 고추씨오일을 두른 팬에 다진 마늘과 채 썬 대파(흰 부
　분)를 볶아 향을 낸다.
2 도톰하게 채 썬 양배추, 칵테일 새우, 2등분한 새송이버
　섯을 넣고 소금과 후추로 간한 후 함께 볶는다.
3 삶은 스파게티 면을 넣는다.
4 분량의 양념을 넣어 재빨리 볶아 낸다.

버섯소스스테이크

READY

만가닥버섯 2줌, 다진 소고기 250g, 다진 양파 4큰술,
다진 샐러리 2큰술, 빵가루 약간, 시판용 스테이크 소스 1/2컵,
레드 와인 1/2컵, 오일 · 소금 · 후추 약간씩, 버터 1조각

HOW TO MAKE

1 다진 소고기에 다진 양파, 다진 샐러리, 소금, 후추를
　넣고 섞은 후 빵가루로 농도를 맞춘다.
2 먹기 좋은 크기로 동그랗게 모양을 만들고, 오일을 두
　른 팬에 올려 노릇하게 굽는다.
3 버터를 두른 팬에 만가닥버섯을 올려 가볍게 볶는다.
4 3에 스테이크 소스와 레드 와인을 넣고 농도가 날 때까
　지 졸인다.
5 스테이크(2)를 팬에 얹고 소스에 조린다.

대하탕
매운 목이버섯샐러드
매운 버섯볶음면
버섯동그랑땡

매운 목이버섯샐러드

READY

목이버섯 2줌, 칵테일새우 1컵, 양배추 5장, 청양고추 2개,
시치미 약간
소스 간장 · 오일 1큰술씩, 참치 액젓 · 식초 1/2큰술씩,
설탕 · 시치미 1작은술씩

HOW TO MAKE

1 목이버섯은 따뜻한 물에 10분간 불린 후 끓는 물에 가볍게 데치고, 칵테일새우는 끓는 물에 10초간 데친다.
2 청양고추는 링으로 썰고, 양배추는 곱게 채 썬다.
3 목이버섯, 새우, 청양고추, 양배추에 분량의 소스를 섞어 넣은 후 가볍게 버무린다.
4 시치미를 뿌려 낸다.

대하탕

READY

갖은 버섯 2줌, 새우 대하 6마리, 양배추 3장, 양파 1/4개,
멸치 1/2줌, 다시마 1장(사방 5㎝), 쑥갓 한줌, 소금 · 후추 약간씩
양념 고춧가루 2큰술, 다진 마늘 1작은술, 고추장 2작은술,
맛술 1큰술, 국간장 1/2큰술

HOW TO MAKE

1 버섯은 적당한 크기, 양배추는 듬성듬성, 쑥갓은 약 5㎝ 길이로 자른다.
2 물 4컵에 멸치와 다시마를 넣고 10분간 끓인 후 전부 건져 낸다.
3 분량의 양념장을 섞은 후 한소끔 끓인다.
4 양배추, 대하, 버섯을 넣고 끓이다가 소금과 후추로 나머지 간을 맞춘다.
5 쑥갓을 얹어 낸다.

버섯동그랑땡

READY

갖은 버섯 1줌, 다진 돼지고기 1/2컵, 두부 1/4모,
다진 양파 3큰술, 다진 마늘 1작은술, 달걀 2개,
밀가루 · 소금 · 후추 · 오일 약간씩

HOW TO MAKE

1 버섯은 가볍게 데쳐 물기를 제거한 후 곱게 다지고, 두부는 칼등으로 으깨 물기를 제거한다.
2 버섯, 다진 돼지고기, 으깬 두부, 다진 양파와 마늘을 한데 섞은 후 동그랗고 납작하게 빚는다.
3 밀가루를 묻힌 후 달걀물로 옷을 입히고 오일을 두른 팬에서 노릇하게 구워 낸다.

매운 버섯볶음면

READY

만가닥버섯 1/2줌, 느타리버섯 1줌, 쌀국수 면 1인분,
다진 돼지고기 50g, 두부 1/4모, 다진 마늘 1/2큰술,
다진 양파 3큰술, 두반장 · 맛술 1큰술씩, 간장 1작은술,
올리고당 1큰술, 고추장 · 참기름 1작은술씩,
오일 · 소금 · 후추 약간씩

HOW TO MAKE

1 각각의 버섯은 적당한 크기로 자르고, 쌀국수 면은 삶아 둔다.
2 오일을 두른 팬에 다진 마늘과 다진 양파를 넣고 볶다가 맛술과 간장을 넣는다.
3 돼지고기를 넣고 함께 볶다가 잘라둔 버섯(1)을 넣는다.
4 두반장, 올리고당, 고추장을 넣어 볶은 후 마지막으로 쌀국수 면을 넣고 재빨리 볶는다.
5 참기름, 소금, 후추로 나머지 간을 한다.
6 오일을 넉넉하게 두른 팬에 으깬 두부를 넣어 바삭하게 볶은 후 면 위에 뿌려 낸다.

섞어찌개
버섯오믈렛
느타리버섯깨무침
달걀찜

버섯오믈렛

READY

양송이버섯 3개, 느타리버섯 1/2줌, 시금치 1/4단,
달걀 2개, 다진 양파 3큰술, 우유 3큰술, 피자 치즈 한줌,
오일 · 소금 약간씩

HOW TO MAKE

1 각각의 버섯은 곱게 다지고, 시금치는 3㎝ 정도 길이로
  자른다.
2 달걀에 우유를 넣고 소금으로 간하여 풀어준다.
3 오일을 두른 팬에 다진 양파를 넣고 볶다가 다진 버섯
  과 시금치를 넣어 볶는다.
4 달걀물(2)을 넣어 반숙으로 스크램블 하다가 팬의 가장
  자리를 이용하여 동그랗게 모양을 만든다.
5 마지막으로 피자 치즈를 올리고 남은 열로 익힌다.

섞어찌개

READY

갖은 버섯 2줌, 돼지고기 목살 100g, 두부 1/4모, 양파 1/4개,
대파 1대, 멸치 1/2줌, 다시마 3장(사방 5㎝), 소금 · 후추 약간씩
양념 고추장 · 맛술 1/2큰술씩, 고춧가루 2큰술, 다진 마늘
1작은술, 국간장 2작은술

HOW TO MAKE

1 버섯은 적당한 크기로 자르고, 돼지고기 목살은 얇게
  편 썬다.
2 돼지고기 목살(1)에 채 썬 양파와 분량의 양념을 넣고
  버무린다.
3 물 4컵에 멸치와 다시마를 넣어 10분간 끓인다.
4 뚝배기에 버섯과 돼지고기 목살(2)을 넣고 볶다가 육수
  (3)를 부어 끓인다.
5 한입 크기로 자른 두부와 어슷썰기한 대파를 넣고 소금
  과 후추로 나머지 간을 맞춘다.

달걀찜

READY

갖은 버섯 1/2줌, 시금치 3줄기, 달걀 3개, 다시마 1장(사방 5cm),
가츠오부시 1줌, 소금 · 참기름 약간씩

HOW TO MAKE

1 물 2컵에 다시마를 넣고 10분간 끓인 후 다시마를 건져
  낸다. 여기에 가츠오부시를 넣고 10분간 둔다.
2 달걀을 풀은 후 남은 건더기까지 다 건져낸 다시물(1) 1
  컵을 붓고 섞어서 체에 한 번 거른다.
3 여기에 곱게 다진 버섯과 2㎝ 길이로 자른 시금치를 넣
  고 소금으로 간한다.
4 3을 용기에 담고 중탕으로 약한 불에서 익힌 후 참기름
  약간을 떨어뜨린다.

COOK TIP

달걀찜을 이쑤시개로 찔렀을 때 묻어나는 것이 없을 때까지 중탕으
로 익혀주세요.

느타리버섯깨무침

READY

느타리버섯 2줌, 시금치 1/4단, 달걀 1개,
소금 · 후추 · 오일 · 버터 약간씩
소스 들깨가루 2큰술, 간장 · 맛술 1/2큰술씩,
다시물 1큰술, 다진 마늘 · 설탕 · 참기름 1/2작은술씩

HOW TO MAKE

1 끓는 소금물에 느타리버섯을 넣어 데친 후 물기를 제거
  해두고, 시금치는 절반으로 잘라 끓는 소금물에 살짝 데
  쳐 준비한다.
2 달걀은 지단을 부쳐 곱게 채 썰고, 분량의 소스 재료는
  따로 섞어둔다.
3 데친 느타리버섯, 데친 시금치, 채 썬 달걀 지단에 분량
  의 소스를 넣어 가볍게 무친다.

냉소바
태국식 달걀말이
버섯수프
창작 버섯비빔밥

태국식 달걀말이

READY

갖은 버섯 2줌, 양파 1/2개, 당근 1/4개, 양배추 3장,
고수 약간, 시금치 1/3단, 달걀 3개, 김 1장,
피시소스 1큰술, 설탕 1작은술, 레몬즙 1/2큰술,
스리라차 칠리소스 1큰술, 오일 · 소금 · 후추 약간씩

HOW TO MAKE

1 버섯은 길게 찢고, 양파, 당근, 양배추는 채 썰고, 고수
　는 잘게 다진다.
2 시금치는 가볍게 데치고 달걀은 곱게 풀어 놓는다.
3 오일을 두른 팬에 버섯, 양파, 당근, 양배추를 넣고 볶
　다가 피시소스, 설탕, 레몬즙, 칠리소스를 넣어 함께 볶
　는다.
4 팬에 달걀물을 얇게 펴 익히고, 위에 김 1/2장, 시금치,
　3, 고수 순으로 올려 돌돌 말아준다.
5 한 김 식으면 한입 크기로 자른다.

냉소바

READY

갖은 버섯 1줌, 우동면 1개, 시금치 1/6단, 양파 1/4개,
달걀 1개, 오일 · 소금 · 후추 약간씩
맛국물 다시물 1/2컵, 츠유 2큰술, 설탕 1큰술, 와사비 약간

HOW TO MAKE

1 버섯은 적당한 크기로, 시금치는 5㎝ 길이로 자른다.
2 오일을 두른 팬에 버섯과 채 썬 양파를 넣고 소금과 후
　추로 간하여 볶는다.
3 달걀은 반숙으로 수란하여 준비하고, 우동면은 삶은 후
　얼음물에 헹궈서 차게 준비한다.
4 분량의 맛국물 재료를 섞는다.
5 우동면 위에 버섯, 양파, 시금치, 수란을 올리고 맛국물
　(4)을 붓는다.

COOK TIP

수란은 국자에 달걀을 올린 후 식초를 약간 넣은 끓는 물에 재빨리
넣어 익혀주세요.

창작 버섯비빔밥

READY

갖은 버섯 1줌, 소고기 100g, 가래떡 150g, 애호박 1/4개,
콩나물 1줌, 시금치 1/4단, 참기름 · 오일 · 소금 · 후추 약간씩,
초고추장 1큰술
고기 양념 간장 · 참기름 1작은술씩, 설탕 1/2작은술,
소금 · 후추 약간씩

HOW TO MAKE

1 소고기는 곱게 채 썰어 고기 양념에 버무린 후 볶는다.
2 버섯은 적당한 크기로 자르고, 애호박은 반달썰기 한
　후 각각 소금으로 간하여 볶는다.
3 콩나물과 시금치는 각각 데쳐 소금과 참기름으로 간하
　여 버무려 둔다.
4 떡은 2㎝ 길이로 잘라 끓는 물에 데치고, 참기름으로 버
　무려 놓는다.
5 떡을 그릇에 담고 소고기, 버섯, 애호박, 콩나물, 시금치
　를 돌려 담은 후 마지막으로 초고추장을 곁들여 낸다.

버섯수프

READY

갖은 버섯 2줌, 시금치 1/4단, 다진 양파 3큰술, 다진 마늘 1큰술,
달걀 1개(노른자만), 생크림 1/2컵, 우유 1컵,
파마산 치즈가루 2큰술, 버터 2큰술, 소금 · 후추 약간씩

HOW TO MAKE

1 버터 1큰술을 녹인 냄비에 먼저 다진 마늘과 다진 양파
　를 넣고 볶아 향을 낸 후 적당한 크기로 자른 버섯을 넣
　고 함께 볶는다.
2 1에 생크림과 우유를 붓고 끓이다가 끓으면 믹서로 곱
　게 갈아준다.
3 약한 불에 올려 농도를 내다가 파마산 치즈가루, 소금,
　후추로 간을 맞추고, 불을 끈 후 달걀 노른자를 넣어 재
　빨리 섞는다.
4 버터 1큰술에 시금치를 넣고 가볍게 볶은 후 소금, 후추
　로 간을 하고 완성된 수프 위에 올린다.

소고기뚝배기
궁중떡볶이
버섯네모피자
버섯두유파스타

궁중떡볶이

READY

갖은 버섯 2줌, 소고기 100g, 가래떡 200g, 양배추 2장,
송송 썬 대파 약간, 당근 · 통깨 약간씩, 참기름 1작은술
고기 양념 간장 2작은술, 설탕 1작은술, 다진 마늘 1/2작은술,
후추 약간
양념 굴소스 · 간장 · 맛술 · 올리고당 1큰술씩,
소금 · 후추 약간씩

HOW TO MAKE

1 소고기는 곱게 채 썰어 고기 양념에 버무린다.
2 오일을 두른 팬에 소고기, 적당한 크기로 자른 당근과
　양배추를 넣어 볶는다.
3 2에 가래떡과 버섯을 넣고 함께 볶는다.
4 분량의 양념과 대파를 넣고 볶은 후 참기름과 통깨를 뿌
　려 마무리한다.

소고기뚝배기

READY

갖은 버섯 2줌, 불고기용 소고기 200g, 가래떡 100g,
양배추 2장, 당근 약간, 대파 1대
고기 양념 간장 · 양파즙 3큰술씩, 설탕 1큰술,
다진 마늘 1작은술, 배즙 2큰술, 소금 · 후추 약간씩
다시물 물 2컵, 다시마 1장(사방 5㎝)

HOW TO MAKE

1 갖은 버섯, 양배추, 당근, 대파는 한입 크기로 자른다. 다
　시물은 10분간 끓인 후 다시마를 건져 낸다.
2 소고기는 양념에 30분간 재운다.
3 뚝배기에 소고기를 넣고 볶다가 다시물(1)을 넣는다.
4 뚝배기에 버섯, 떡, 당근, 대파, 양배추를 넣어 한소끔
　끓인다.

버섯두유파스타

READY

만가닥버섯 2줌, 두유 1컵, 스파게티 1인분, 생크림 1/2컵,
베이컨 2장, 브로콜리 약간, 다진 마늘 · 다진 양파 1큰술씩,
파마산 치즈가루 · 소금 · 후추 · 오일 약간씩

HOW TO MAKE

1 스파게티는 끓는 물에 8분간 삶고, 베이컨은 도톰하게
　채 썰고, 버섯과 브로콜리는 적당한 크기로 자른다.
2 오일을 두른 팬에 다진 마늘과 다진 양파를 넣고 볶다
　가 버섯, 베이컨, 브로콜리를 넣어 함께 볶는다.
3 두유와 생크림을 넣고 한소끔 끓인다.
4 스파게티 면을 넣고 볶은 후 파마산 치즈가루, 소금, 후
　추로 간한다.

COOK TIP

스파게티면 대신 푸질리, 펜네 등을 활용해도 좋아요.

버섯네모피자

READY

갖은 버섯 2줌, 또띠아 2장, 블루베리 1줌, 모차렐라 치즈 1/2컵,
고르곤졸라 치즈 약간, 화이트소스 1/3컵(시판용), 바질 약간,
통후추 약간

HOW TO MAKE

1 또띠아는 사각형으로 자르고, 화이트소스를 펴 바른다.
2 적당한 크기로 자른 버섯과 블루베리를 올린다.
3 모차렐라 치즈, 고르곤졸라 치즈를 골고루 뿌린다.
4 바질을 얹고 통후추를 굵게 갈아 뿌린 후 180℃의 오븐
　에서 10분간 굽는다.

COOK TIP

또띠아가 너무 얇으면 2장을 겹쳐서 사용하세요. 또띠아 사이에 모
차렐라 치즈를 넣으면 잘 붙는 답니다.

아스파라거스 버섯오븐구이

만가닥베이컨말이

버섯라자냐

버섯골뱅이무침

만가닥베이컨말이

READY

만가닥버섯 3줌, 베이컨 10장, 종종 썬 실파 2큰술,
가츠오부시 약간
양념 간장 · 맛술 · 올리고당 2큰술씩, 굴소스 1/2큰술

HOW TO MAKE

1 베이컨을 절반으로 자른 후 만가닥버섯 2~3개를 넣고
돌돌 만다.
2 꼬치에 꽂은 후, 오일을 두른 팬에 올려 노릇하게 굽는다.
3 분량의 양념을 부어 가볍게 조린 후 종종 썬 실파와 가
츠오부시를 뿌려 낸다.

아스파라거스 버섯오븐구이

READY

갖은 버섯 2줌, 달걀 노른자 1개분,
아스파라거스 5개, 파마산 치즈가루 3큰술,
파슬리가루 · 소금 · 후추 약간씩, 오일 3큰술

HOW TO MAKE

1 적당한 크기로 자른 버섯과 아스파라거스를 오일, 소
금, 후추로 가볍게 버무린다.
2 1을 180℃의 오븐에 넣고 8~10분간 굽는다.
3 구운 버섯과 아스파라거스를 접시에 옮겨 담고 달걀 노
른자를 올린다.
4 파마산 치즈가루, 파슬리가루, 후추를 듬뿍 뿌려 낸다.

버섯골뱅이무침

READY

느타리버섯버섯 2줌, 골뱅이 1캔(小), 대파 3대, 소금 약간
양념 고춧가루 3큰술, 식초 · 사과즙 2큰술씩,
참치액젓 1큰술, 설탕 1큰술, 다진마늘 · 참기름 1/2큰술씩

HOW TO MAKE

1 느타리버섯은 적당한 크기로 잘라 끓는 소금물에 넣어
가볍게 데친 후 물기를 제거한다.
2 대파는 곱게 채 썰어 찬물에 담갔다 뺀 후 물기를 제거
한다.
3 분량의 양념을 섞는다.
4 버섯(1), 골뱅이, 대파(2)를 양념에 가볍게 무친다.

버섯라자냐

READY

라자냐 3장, 새송이버섯 2개, 감자 1/2개, 쥬키니 1개(길이 5cm),
토마토소스 1컵(시판용), 모차렐라 치즈 1컵,
파슬리가루 · 소금 · 후추 · 오일 약간씩
소스 우유 1컵, 버터 2큰술, 밀가루 2큰술, 소금 · 후추 약간씩

HOW TO MAKE

1 오일을 두른 팬에 0.5cm 정도의 두께로 썬 새송이버섯, 감
자, 주키니를 올려 소금과 후추를 뿌린 후 살짝 굽는다.
2 팬에 버터를 녹인 후 밀가루를 넣고 잘 볶는다. 여기에
우유, 소금, 후추를 넣고 끓여 농도를 내 소스를 만든다.
3 오븐용 사각용기에 삶은 라자냐, 소스(2), 새송이버섯,
감자, 주키니, 토마토소스 순으로 2번 반복하여 담는다.
4 맨 위를 라자냐로 덮은 후 토마토소스와 모차렐라 치즈
를 듬뿍 올려 180℃로 예열된 오븐에서 10분간 굽는다.
마지막으로 파슬리가루와 후추를 뿌린다.

버섯쟁반짜장

발사믹 버섯바게트

버섯카나페

버섯소고기김밥

발사믹 버섯바게트

READY

바게트 10쪽, 갖은 버섯 1줌, 다진 마늘 2큰술, 치즈 3장,
아스파라거스 3개, 발사믹식초 3큰술,
올리브오일 · 소금 · 후추 약간씩

HOW TO MAKE

1 올리브오일을 두른 팬에 먼저 다진 마늘을 볶다가 적당한 크기로 자른 버섯을 넣고, 소금과 후추로 간한 후 발사믹식초를 넣어 조린다.
2 바게트에 **1**을 올린 후 치즈와 길이 5㎝ 정도로 자른 아스파라거스를 얹어 180℃의 오븐에서 5분간 노릇하게 굽는다.

버섯쟁반짜장

READY

갖은 버섯 2줌, 양파 1/3개, 감자 1/2개, 호박 1개(길이 5㎝ 정도),
생면 1인분, 짜장가루 1/3컵(시판용), 오일 약간

HOW TO MAKE

1 버섯, 양파, 감자, 호박은 같은 크기로 사각썰기한다.
2 오일을 두른 팬에 감자, 호박, 양파, 버섯 순으로 넣고 볶는다.
3 물 1 1/2컵을 붓고 끓이다가 짜장가루를 넣어 걸쭉해질 때까지 끓인다.
4 삶은 생면 위에 얹어 낸다.

버섯소고기김밥

READY

백만송이버섯 1줌, 밥 1공기, 김 2장, 깻잎 4장,
소고기 다짐육 50g, 열무김치 1/2컵, 당근채 1컵,
오일 · 소금 · 후추 약간씩
열무양념 참기름 2작은술, 설탕 1작은술
쌈장 된장 · 고추장 1큰술씩,
설탕 · 참기름 · 다진 마늘 1작은술씩, 통깨 약간
밥 양념 참기름 2작은술, 소금 · 통깨 약간씩

HOW TO MAKE

1 소고기 다짐육은 소금과 후추로 간하여 볶고, 열무김치는 가볍게 씻은 후 물기를 제거하여 열무양념에 버무린다.
2 오일을 두른 팬에 당근과 백만송이버섯을 각각 소금으로 간하여 부드럽게 볶는다. **3** 분량의 쌈장 재료는 섞어두고 밥은 따뜻할 때 양념을 넣고 버무린다. **4** 김 위에 밥을 최대한 얇게 깔고 쌈장, 소고기, 열무김치, 백만송이버섯, 당근을 올려 돌돌만 다음 한입 크기로 자른다.

버섯카나페

READY

양송이버섯 10개, 다진 새우살 1/2컵,
다진 브로콜리 · 다진 양파 2큰술씩, 치즈 3장,
파슬리가루 · 후추 약간씩

HOW TO MAKE

1 다진 새우살, 다진 브로콜리, 양파는 소금과 후추로 간하여 버무린다.
2 양송이버섯은 기둥을 분리한 후 버섯 안에 **1**을 올린다.
3 치즈를 버섯 크기에 맞게 자른 후 **2** 위에 올리고 180℃의 오븐에서 8분간 굽는다.
4 파슬리가루를 뿌려 낸다.

EASY COOKING

:MUSHROOM

이지 쿠킹 버섯

협찬사	키엔호 02-717-6750 www.kienho.com
	무겐몰 02-706-0350 www.mugenmall.com
요리 어시스트	김지수, 오지연, 이현경

EASY COOKING
:MUSHROOM 이지 쿠킹 버섯

초판 1쇄 발행 2014년 8월 20일

지은이 용동희
펴낸이 김영조
편집 김민정
마케팅 김종문
경영지원 정은진
디자인 design group ALL
촬영 이과용
스타일링 용동희
펴낸곳 싸이프레스
주소 서울시 마포구 어울마당로3길 5(합정동, 영광빌딩 201호)
전화 02-335-0385 **팩스** 02-335-0397
이메일 cypressbook@naver.com
홈페이지 www.cypressbook.co.kr
블로그 blog.naver.com/cypressbook
트위터 @cypressbook
출판등록 2009년 11월 3일 제2010-000105호

ISBN 978-89-97125-57-9 13590

· 책값은 뒤표지에 있습니다.

· 파본은 구입하신 곳에서 교환해 드립니다.

이 도서의 국립중앙도서관 출판시도서목록(CIP)은 e-CIP홈페이지(http://www.
nl.go.kr/cip.php)와 국가자료공동목록시스템(http://www.nl.go.kr/kolisnet)에서
이용하실 수 있습니다. (CIP 제어번호 : 2014022872)